地球環境
46億年の大変動史

田近英一

DOJIN文庫

まえがき

地球環境がこれほど注目されている時代はない。人間活動による化石燃料の消費によって大量の二酸化炭素が大気中に放出される結果、地球温暖化が避けられないと考えられているのだ。問題は気候の温暖化だけにとどまらない。温暖化にともなって、地球環境にさまざまな変化が生じることが予測されている。たとえば、海面水位の上昇、大型台風の発生、集中豪雨の増加、北極域の海氷の消失などである。生態系への影響も懸念されている。

もはや温暖化は目の前の現実であることが受け入れられ、問題の所在は国際政治や経済分野へと舞台を移している。実際、地球温暖化問題に対する関心の大部分は、二酸化炭素排出量の削減や排出権の国際取引、二酸化炭素の排出量を抑えるための「エコ」な技術やライフスタイルに集まっているようにみえる。二酸化炭素排出量の削減は経済活動に多大な影響が及ぶし、少しでも二酸化炭素を排出しないための努力ならば私たち一般市民にもできるから、こうした関心は当然のことかもしれない。しかしながら、たとえ二酸化炭素排出量の削減目標が達成されたとしても、私たちはそれに満足したり安心したりしてはならないのだ。

というのも、たとえ二酸化炭素の排出量を削減したところで、人間が二酸化炭素の排出を続けている限り大気中の二酸化炭素濃度は増加し、地球温暖化は避けられないからである。私たちにできることは、温暖化のスピードをできるだけ抑えて、その影響を最小限に食い止めることである。

ここで大きな問題のひとつは、私たちは、地球温暖化の先に待ち受けている状況、すなわち、温暖化によって将来なにが起こるのかについてまだよく理解していないことだ。「気候変動に関する政府間パネル（IPCC）」の評価報告書には、現時点で予想される温暖化の影響がまとめられている。それによれば、人間活動による温室効果ガスの排出シナリオによって大きな差が出るものの、大気中の二酸化炭素濃度の増加によって、今世紀末には、地球全体の気温は約一・一〜六・四℃上昇し、海面の高さは一八〜五九センチメートル上昇するという。しかし、これは現時点で私たちが知っている知識に基づいた予測であり、私たちがまだよく理解していない、温暖化によってはじめてはたらき出す未知の要因までは考慮されていないのである。

温暖化がこのまま進めば、南極やグリーンランドの氷が突然、大規模に崩壊するかもしれない。もしそのようなことが生じれば、海水準の上昇は数十センチメートルどころか数〜十数メートル以上に及ぶ可能性もある。あるいは、温暖化によってシベリアやアラスカの永久凍土層や海底に眠るメタンハイドレートが不安定になって分解するかもしれない。そうなれば、二酸化炭素の約二〇倍もの温室効果をもつメタンが放出され、地球の温暖化が加速するかもしれない。さらには、地球表層における「熱機関」の役割を担っている海洋の大循環が停滞すれば、気候が劇的に変化する可能性もある。じつはこうした現象は、過去の地球において実際に生じたことが知られているのである。

あるいは、こうした現象が生じるとしても、それはずっと遠い将来のことかもしれない。しかしいずれにせよ、このまま二酸化炭素を放出し続けると、いったいなにが生じるのかという問題について考えるためには、現在の地球について調べているだけでは必ずしも十分ではないのだ。

地球は、その長い歴史を通じて、温暖化と寒冷化を繰り返し経験してきたことが知られている。過去においては現在の地球よりもはるかに温暖な気候だった時代もあるのだ。そのような温暖期の地球の姿はいったいどのようなものだったのだろうか。地球が過去において実際に経験した温暖化やさまざまな気候変動についての理解が、地球環境の将来を考えるうえでも役に立つ可能性がある。過去から現在へと至る地球環境の変動史を知ることによって、現在の地球が置かれている状況が相対化され、現在の地球を俯瞰的に見る視点が得られるはずである。こうした知識や視点が、地球環境の振る舞いを理解するための重要なヒントを与えてくれるだろう。

その一方で、地球史四六億年を通じて地球には海が存在し、生命はその誕生以来約四〇億年にわたって進化し続けてきたと考えられている。このことは、地球環境が長期的に安定に維持されてきたことを示唆している。太古の火星や金星にも海が存在した可能性はあるが、少なくとも現在では液体の水は存在できない環境になってしまっていることを考えると、これは大変重要な事実である。現在の地球が生命に満ちた惑星であるのは、地球環境が長期的に安定に維持されてきた結果だとみることもできるからである。だとすれば、地球と火星や金星を分けたものはなんなのか？　地球環境はどうして長期的に安定に保たれてきたのだろうか？

本書は、地球が誕生して以来、大気や海洋がどのように変遷してきたのかを軸とし、地球がこれまで経験してきたさまざまな気候変動に関する最新の知見を紹介することを通じて、地球環境の本質が「変動」であること、しかし一方では生命を育むような温暖湿潤な環境が長期にわたって「安定」に維持されてきたことやその理由について解説する。

約四六億年にわたる地球史においては、たんなる温暖化や寒冷化だけでなく、海水がすべて蒸発したり、地球全体が氷に覆われたり、超大規模な火山活動が生じたり、大気中の酸素濃度が大きく変化したり、小惑星の衝突が生じたりしたらしい。つまり、私たちが知っている現在のような地球環境がずっと保たれてきたわけでは決してないのだ。知れば知るほど驚きに満ちた歴史である。

本書が、過去の地球環境を知り、現在の地球環境に対する理解を深め、将来の地球環境について考えるきっかけになれば幸いである。

地球環境46億年の大変動史　目次

本書に関連する地質年表

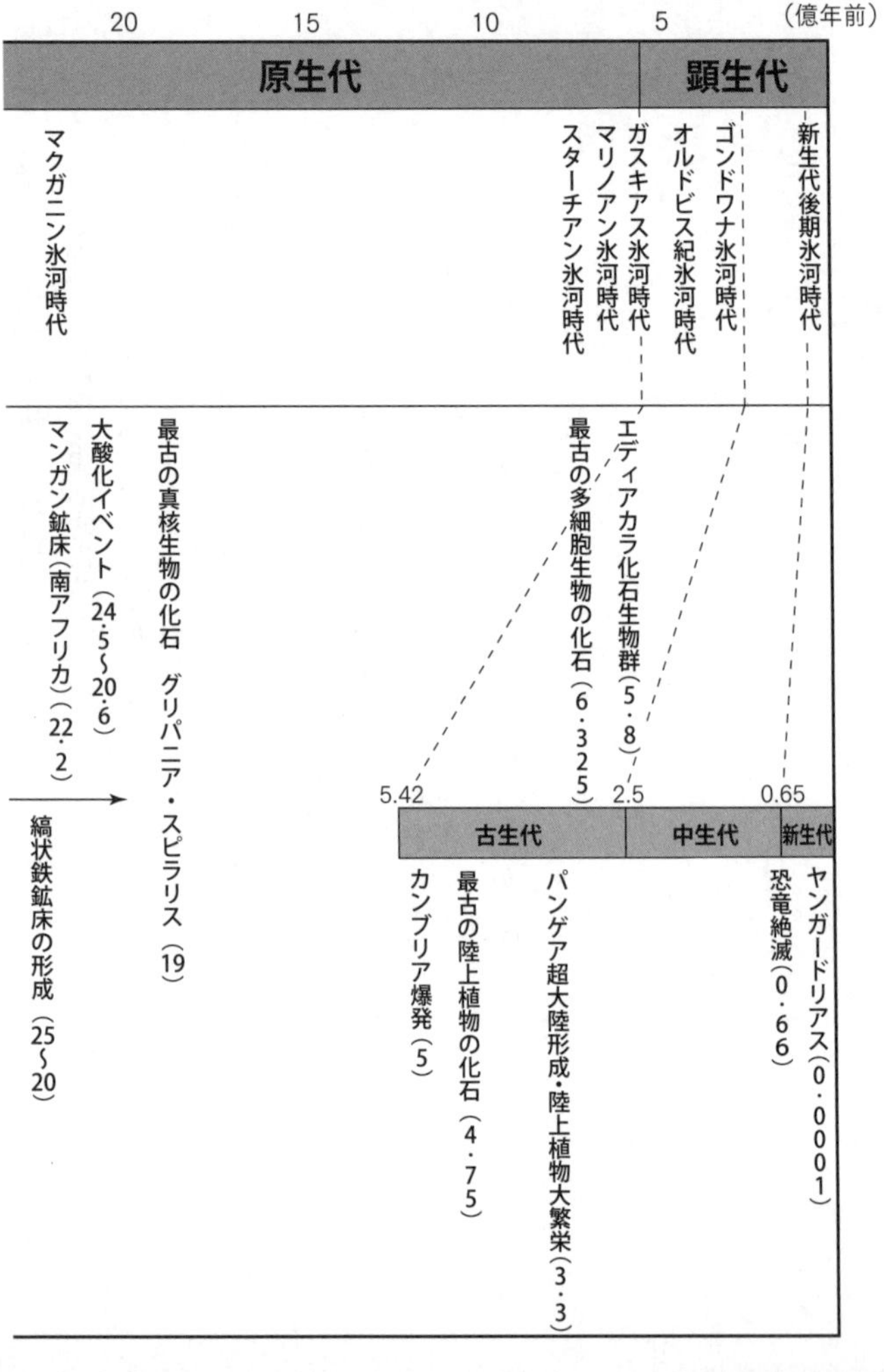

20
15
10
5
（億年前）
原生代
顕生代
マクガニン氷河時代
スターチアン氷河時代
マリノアン氷河時代
ガスキアス氷河時代
オルドビス紀氷河時代
ゴンドワナ氷河時代
新生代後期氷河時代
マンガン鉱床（南アフリカ）（22・2）
大酸化イベント（24.5～20.6）
最古の真核生物の化石　グリパニア・スピラリス（19）
最古の多細胞生物の化石（6・325）
エディアカラ化石生物群（5・8）
縞状鉄鉱床の形成（25～20）
5.42
2.5
0.65
古生代
中生代
新生代
カンブリア爆発（5）
最古の陸上植物の化石（4・75）
パンゲア超大陸形成・陸上植物大繁栄（3・3）
恐竜絶滅（0・66）
ヤンガードリアス（0・0001）

45.5　40　35　30　25

冥王代	太古代

地球誕生

ポンゴラ氷河時代

最古のジルコン粒子（44）

最古の海洋地殻（カナダ）（42.8）

アカスタ片麻岩（40.31）

最古の大陸地殻（カナダ）（40）

後期隕石重爆撃？（39）

最古の堆積岩、最古の生命活動の痕跡（グリーンランド）（38）

最古の生態系化石群（南アフリカ共和国）（34.2）

硫黄同位体比の異常の消失（24.5）←

※（　）内は現在からの億年前

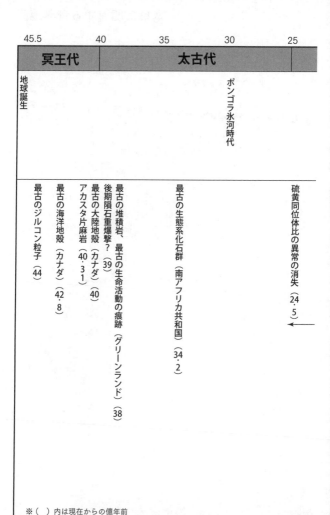

本書に関連する世界地図

イスア
38億年前の最古の堆積岩が発見された
ノースウエスト準州
40億年前の最古の大陸地殻が発見された
アキリア島
ケベック州北部
43億年前の最古の海洋地殻が発見された
セントヘレンズ山
セントローレンス川
キューバ
K/Pg境界で形成された深海性津波堆積物。
ユカタン半島
（チクシュルーブ・クレーター）
チチェン・イツァ遺跡
オントンジャワ海台

ドウシャントゥオ層
原生代末期の動物の胚化石が発見された。
グッビオ
サントリーニ火山
ヒマラヤ
ピナトゥボ火山
ナミビア
ポール・ホフマンがスノーボールアースの調査を行なった
35億年前の地層
最古のシアノバクテリアの化石と思われていたものが発見された
エディアカラ丘陵
ハメリンプール（シャーク湾）
カラハリ・マンガン鉱床
カーシュビンクらがスノーボールアースの調査を行った。
ケルゲレン海台
ジャックヒルズ
44億年前の最古のジルコン鉱物が発見された

第1章　生命の存在する惑星

一　地球のどこが特別なのか？

地球はしばしば「奇跡の惑星《ほし》」と呼ばれる。地球上にだけ生命が満ちあふれているからである。これは、地球が生命にとって生存可能（ハビタブル）な、温暖湿潤で安定な環境をもった惑星であることに起因するものだ。けれども、なぜ地球の環境は温暖湿潤であり、安定なのだろうか。これは少し考えてみると、とても不思議なことである。地球はどこがどんなふうに奇跡の惑星なのか。それについて知るためには、地球の環境についていろいろ理解する必要がある。

地球と似た太陽系内の惑星

地球環境の特徴を理解するためには、ほかの惑星環境と比較してみることが出発点である。地球は太陽系の惑星のひとつだから、地球について深く理解するためには、地球

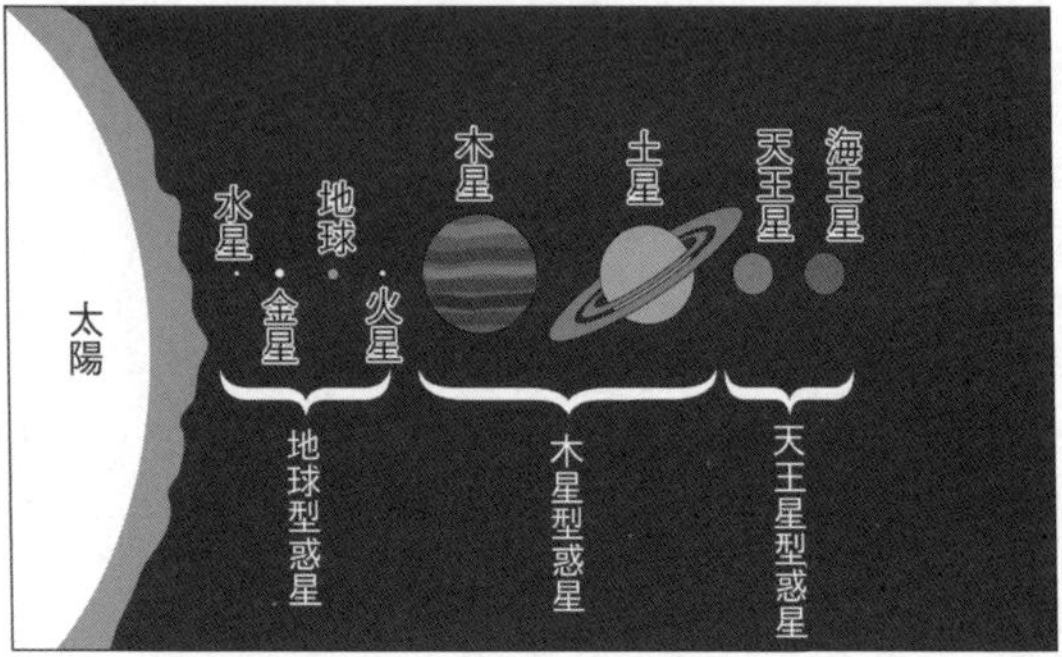

図1-1　太陽系の惑星

を相対化する視点が大切なのだ。こうした視点を「比較惑星学」的な視点という。

鏡に映る自分の姿をいくら眺めてみても、自分の特徴はなんなのかよくわからない。他人と比較することによってはじめてわかることは多い。なにごとにおいても、自身を相対化する視点はとても大事である。

ただし、惑星環境を比較するといっても、そもそも太陽系の惑星にはさまざまな種類があるので、まったく違うものと比較しても仕方ない。比較するならば似たもの同士を比較するべきである。

地球は主として岩石と金属鉄とでできている。その点において、水星や金星、火星は地球と大変よく似ており、「地球型惑星」と総称される。それに対し、木星や土星は、主として水素やヘリウムなどのガスからできており、「木星型惑星（巨大ガス惑星）」と呼ばれる。さらに、天王星や海王星は主として氷でできており、「天王星型惑星（巨大氷惑星）」と呼ばれる。これらの違いは、惑星が形成されたときの太陽からの距離や形成プロセスの違いによるものだと考えられている（図1-1）。

ちなみに、二〇〇六年、国際天文学連合によって「惑星の定義」が決まり、冥王星が惑星ではなく「準惑星」と分類されたことは大きな話題になった。冥王星は、じつは月よりもサイズが小さい天体だ。しかも、海王星軌道より外側の太陽系外縁部にはたくさんの小天体が存在することが明らかになり、なかには冥王星よりもサイズが大きい天体まで発見された。冥王星の軌道の特徴とよく似た軌道をもつ天体がたくさんみつかり、冥王星はそれらの天体と同じグループに属することが明らかになってきたのである。そこで、冥王星は「太陽系外縁天体」のなかの一群である「冥王星型天体」の代表として分類されるようになったのだ。これは、心情的には寂しい方もおられようが、科学的な視点で捉えれば大変自然な結論であった。これまで知られていなかった新しい観測事実の蓄積によって、太陽系のより真実に近い姿が理解されるようになったということなのだ。

金星と地球と火星の環境

さてここでは、地球を含む地球型惑星の環境を比較することにしよう。ただし、水星には、一般的な意味での大気は存在しない。水星の軌道は太陽に近いため、太陽からの強い光や太陽風（太陽から飛んでくる粒子）、微小隕石などが地表面に衝突することによって蒸発したナトリウムやカリウムなどが、非常に薄い大気（その圧力は一〇のマイナス一二乗気圧）をまとっているのみである。したがって、ここでは金星と地球と火星の三つの惑星について、それらの環境を比較する（表1-1）。

まず大気の量であるが、地球の場合、気圧に換算すると一気圧分に相当する。これは正確にいえば、海面における平均的な気圧であり、上空ではこれよりも低いし、「低気圧」や「高気圧」と呼ばれるような気圧のゆらぎもある。これに対し、金星の大気は九五気圧もある。これは、地球でいえば深さ約一〇〇〇メートルの深海における圧力に相当する。金星は、地球と比べてものすごく厚い大気をもっているのだ。一方、火星の大気圧は平均して〇・〇〇六気圧しかない。これは、地球でいえば大気上空約三五キロメートルの気圧に相当する。火星の大気は、地球と比べて非常に薄いのだ。しかも火星の場合、冬季には二酸化炭素が凝結してドライアイスの極冠が形成されるため、大気圧は季節的に四分の一程度も変動することが知られている。

次に、大気の組成を比較してみよう。地球大気の主成分は窒素と酸素である。窒素が約七八パーセント、酸素が約二一パーセントを占めている。私たち人間を含む多くの生物は、大気中の酸素を使って代謝（呼吸）を行うことでエネルギーを獲得しているのは

表1-1　大気をもつ地球型惑星（地球，金星，火星）の表層環境の比較

	地球（現在）	地球*	金星	火星
大気組成（体積%）				
N_2	78.084	1.0	3.5	2.7
O_2	20.946	－	－	－
Ar	0.934	0.01	0.007	1.6
CO_2	0.038	99.0	96.5	95.3
大気圧（気圧）	1	～80	95	0.006
惑星アルベド	0.3	＞0.3	0.77	0.15
有効温度（℃）	－18	－18	－46.0	－56
全球平均温度（℃）	15	～200	460	－53
水の存在量	270気圧相当	270気圧相当	極微量	（不明）
水の存在形態	海洋	海洋・水蒸気	水蒸気	極冠・永久凍土

*現在の地球大気から生物起源のO_2を除き，堆積岩に含まれる炭素をCO_2として加えたもの。

ご存じのとおりである。酸素の次に多いのはアルゴンで、約一パーセントを占める。アルゴンは「希ガス」と呼ばれる元素の一種で、化学反応性に乏しい、いわゆる不活性ガスである。

地球大気中で第四番目に多い成分は、いま注目を浴びている二酸化炭素である。しかしその存在量は、たかだか〇・〇〇三八気圧、言い換えると約三八〇ppmである。これは、火星の大気圧よりもさらに一桁低い圧力であり、地球大気の約〇・〇三八パーセントを占めるに過ぎないという意味において、微量というべき量である。このような大気の微量成分が、地球温暖化問題の主役であり、地球の気候に大きな影響を及ぼしていることを考えると、ちょっと驚きでもある。

ちなみに、大気中には水蒸気が場所によって数パーセント程度含まれている。この水蒸気にはきわめて強力な温室効果がある。しかし水蒸気は海水や地表の水がその場の温度に応じて蒸発したものであり、季節や場所によって大きく自然変動する性質をもっている。ほかの成分とは根本的に異なることに注意したい。

次に、金星と火星の大気組成をみてみよう。両者は非常によく似ていることがわかるだろう（表1－1）。すなわち、両方とも大気の九五パーセント以上が二酸化炭素であり、次に窒素が多く、その次にアルゴンが多い。地球大気の主成分であった酸素は、金星大気にも火星大気にもほとんどまったく存在しない。金星と火星は、大気圧は一万倍以上も違っているにもかかわらず、大気組成は大変よく似ているということになる。

地球大気は異質である

そう考えてみると、地球の大気組成は、地球型惑星において異質であることがよくわかるだろう。地球は金星や火星と同じときに同じような材料物質から同じプロセスを経て形成されたものであるから、本来ならば同じような大気をもっていてしかるべきだとも考えられる。実際には、材料物質が少し異なっていた可能性もあるのだが、地球をはさんで金星と火星が同じような大気組成をしていることは、おおむね同じような材料物質からできたと考えられなくもない。それなのに、地球大気だけが異質であるとするならば、これはなにを意味するのだろうか。

じつは、地球表層には二酸化炭素が形を変えて大量に存在している。そういってすぐに思いつくのは、人間が燃料として消費している石油や石炭だろう。これらを燃やすと二酸化炭素が排出されるのは、石油や石炭が化石燃料といわれるように、もともとは大気や海水中の二酸化炭素が生物によって固定され、それが長い時間をかけて形を変えたものだからである。といってもその総量は、人間が今世紀中に大部分を使い果たす恐れがあるほどであるから、決して多くはない。

二酸化炭素は主として「炭酸塩鉱物」や「ケロジェン」という形で堆積岩中に大量に含まれている。それらの総量は、大気中の二酸化炭素量の一〇万～二七万倍、気圧にして四〇～八〇気圧にも相当するという膨大な量である。これらの二酸化炭素をすべて大気中に戻してやれば、地球の大気は組成も量も金星とほとんど同じものとなる（表1-1）。

ここで、炭酸塩鉱物というのは、たとえば炭酸カルシウムなどの炭素を含む鉱物のことだ。石灰岩も炭酸塩鉱物からなる。また、ケロジェンというのは、堆積物に含まれる昔の生物の死骸（有機物、有機炭素化合物ともいう）が、長い年月のあいだに熱や圧力の影響で高分子化したものだ。炭酸塩鉱物は「無機炭素」、ケロジェンは「有機炭素」と呼ばれることもある。

奇跡の惑星、地球

さて、金星や火星の大気中には、地球大気の主成分のひとつである酸素がほとんど含まれていないことはすでに述べた。というのも、酸素は生物の光合成活動によって生成された成分だからである。逆にいえば、光合成生物が誕生する以前の地球大気には酸素は含まれていなかったことになる。したがって、地球が形成されて間もないころの大気は、おそらく金星とよく似た二酸化炭素を主体とする大気であった可能性が高いと考えられる（表1－1）。

つまり、地球型惑星は、少なくともその初期においては、みな二酸化炭素を主体とする大気をもっていたのではないだろうか。約四六億年におよぶ進化の過程で、地球大気の組成や量は大きく変貌を遂げてきたと考えられる。

さらに地球環境の大きな特徴として、地表面の平均温度が一五℃であり、水が液体の状態で存在できるということが挙げられる。これは大変重要な特徴である。というのは、生命が生存するためには液体の水が不可欠だからである。その水のほとんどは海洋として存在している。その量は、海水をすべて蒸発させたときの圧力に換算して、約二七〇気圧にも相当する膨大なものである。

一方、金星の平均温度は約四六〇℃もある。これは、九五気圧にも及ぶ二酸化炭素大気の強力な温室効果によるものだ。このような高温環境においては、液体の水はもちろん存在できない。もっとも、金星表面には海が存在しないどころか、大気中にも水蒸気はごく微量にしか存在しない。金星にはそもそも水がなかったのか、金星史を通じて水が失われた可能性が考えられる。

逆に、火星の平均温度は約マイナス五三℃である。これは火星が地球よりもずっと太陽から離れた軌道を回っていることと、大気が非常に薄いので温室効果が小さいことによる。火星には、かつて液体の水が存在したらしい地形的証拠がいろいろ見られるが、少なくとも現在の火星には液体の水は安定に存在できない。現在の火星において、水は極冠や永久凍土として存在していることがわかっているが、その総量についてはまだはっきりとわかってはいない。

このように、同じ地球型惑星でも金星と地球と火星の表層環境は大きく異なる。これら三つの惑星の大気は誕生時には似たようなものだったのかもしれないが、約四六億年という長い時間が経過するうちに、大気の組成も表層の環境も大きく異なる進化の道筋をたどってきたらしいのだ。

地球を相対化することによって、普段私たちが当然だと思っている地球環境がいかに特別なものであるのかがよくわかる。それと同時に、地球が奇跡の惑星であり、ハビタブルな惑星であることを本当の意味で理解するためには、現在の地球の姿だけでなく、地球が誕生して以来、その環境が時間とともにどのように変遷してきたのかについて考える必要もあることがおわかりいただけたのではないかと思う。

二　温室効果とはなにか？

太陽放射と惑星放射のつり合うところ

そもそも、地球や惑星の環境はどのように成り立っているのだろうか。そのような根源的な問題を考えるためには、地表面におけるエネルギーの出入りに注目するのがよい。

地球や惑星の地表面は太陽からの放射によって暖められる。暖められた地表面からは熱放射（赤外線）が放出される。前者を太陽放射、後者を惑星放射という。太陽が放出しているエネルギーは、距離の二乗に反比例して小さくなっていくので、太陽から離れた軌道を回る惑星ほど受け取る太陽放射は小さくなる。

太陽放射と惑星放射は、基本的につり合っていなければならない。たとえば、地表面が受け取る太陽放射が惑星放射よりも大きければ、地表面はどんどんエネルギーをため込むことになるので、温度が上昇してしまう。しかし、熱放射は温度の四乗に比例して大きくなるので、地表面の温度が上昇すれば惑星放射も大きくなる。したがって、どこかの温度で太陽放射と惑星放射はつり合うことになるはずである。逆に、太陽放射よりも惑星放射のほうが大きければ、地表面はエネルギーを失うことになるため温度が低下し、それによって惑星放射も小さくなり、やはりどこかの温度で太陽放射と惑星放射はつり合うことになる。

すなわち、太陽放射と惑星放射のエネルギーがつり合うような、ある温度における平衡状態が成立するわけである。これが、惑星の気候が形成される基本原理である。このつり合った温度のことを「有効温度」という。有効温度が高ければ、基本的にその惑星は高温環境、低ければ低温環境ということになる。ただし気候の形成には、もう少しいろいろな要因が関与している。

惑星環境を決める三つの要因

たとえば、地球の表面は一様ではなく、陸があり海があり、陸には砂漠が広がっている場所があれば植物に覆われている場所もある。また、地表面の一部は氷によって覆われていたり、大気中にはたくさんの雲が漂っていたりする。太陽からの光は、黒っぽいものには吸収されやすく白っぽいものには反射されやすい。

地球全体としてみると、太陽からくる光の三〇パーセント程度は宇宙空間に反射されてしまい、実際に地表に到達する光は全体の七〇パーセント程度である。この地球全体としての反射率のことを「惑星アルベド」という。惑星アルベドが大きければ、それだけ地球が受け取ることのできる正味の太陽放射は小さくなる、というわけだ。

さらに、地表から放出された熱放射も、そのまま宇宙空間に逃げるわけではない。一部は大気中の気体分子によって吸収されてしまう。熱放射を吸収した気体分子はエネルギーの高い不安定な状態になるため、エネルギー（熱放射）を放出してもとの安定な状態へもどろうとする。このとき、エネルギーは四方八方に放出されるので、半分は地表面に向かって放出される。これによって地面はさらに加熱される。これが大気の「温室効果」である。

赤外線を吸収する気体のことを、温室効果ガスと呼ぶ。二酸化炭素ばかりが有名だが、たとえば京都議定書において排出削減対象となっている温室効果ガスは、二酸化炭素のほかメタンや亜酸化窒素、ハイドロフルオロカーボン類、パーフルオロカーボン類、六フッ化硫黄の六種類ある。前述のように、水蒸気も強い温室効果をもっているし、ほかにもいろいろな気体が温室効果をもっている。惑星の大気中にこれらの気体がどのくらい存在するかによって、地表面の温度はずいぶん違ってくる。

このように、惑星環境の成立には、太陽放射の大きさ、惑星アルベド、大気の温室効果という三つの要因が重要な役割を演じているのだ。地球の環境も、これらの組み合わせによって決まっていると考えてよい（図1－2）。

ところで、地球の場合、有効温度はどのくらいなのかというと、じつはマイナス一八℃しかない。地表面の平均温度は一五℃程度であるから、その差三三℃分が大気の温室効果によるものということになる。つまり、もし温室効果がまったくなければ、地球は凍りついてしまうことになるわけだ。地球は温室効果のお陰で温暖湿潤な環境を維持しているのである。この温室効果の大部分は、水蒸気と二酸化炭素によるものである。温室効果は悪役のように扱われがちであるが、じつは地球にとってなくてはならないものであるということも認識しておく必要があるだろう。

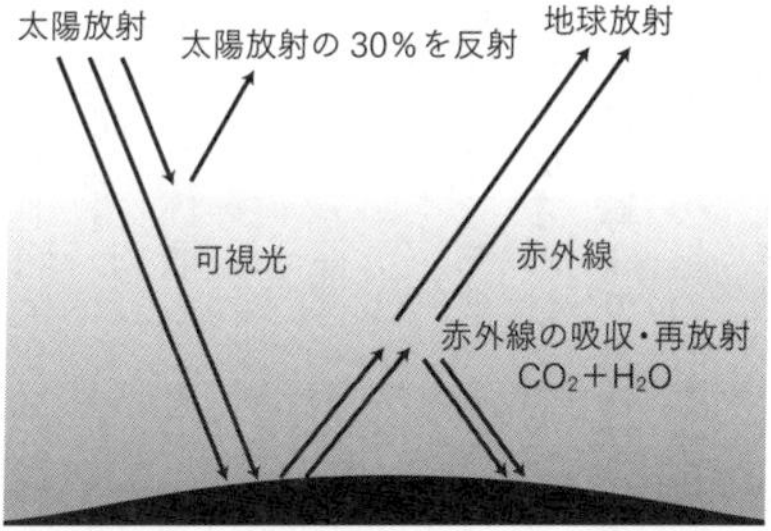

図1-2　地球のエネルギーバランス

太陽放射の30%は雲や地表で反射され，残りの70%によって地表は暖められる。暖められた地表からは赤外線が放射されるが，その一部は大気中の温室効果ガス（二酸化炭素や水蒸気など）によって吸収されてしまう。再放射された赤外線の半分は地表をふたたび暖める。こうしたことが繰り返されることで地表温度は温室効果ガスがない場合と比べてより暖かくなる。これが大気の温室効果である。

金星と火星の有効温度

それではここでまた、金星や火星の場合はどうなのか考えてみよう。金星は地球よりも太陽にずっと近い軌道を回っている。そのため、金星軌道上における太陽放射は地球の約二倍もある。当然、金星の環境は地球よりもずっと高温な環境になると予想される。ところが、金星の有効温度はマイナス四六℃である。

なんと、地球よりも低いのだ。これはいったいどうしてなのだろうか。金星は硫酸の雲に全面を覆われている。このため、金星は太陽放射の七七パーセントを反射してしまい、実際に受け取ることができるのは残りの二三パーセントだけなのだ。金星が実際に受け取っている太陽放射エネルギーは、地球よりもずっと少ないのである。

しかし、金星の表面温度は四六〇℃だということは前述のとおりである。その差、じつに約五一〇℃分が、金星大気の温室効果によるものだ。金星は九五気圧に及ぶ二酸化炭素からなる大気をもつためその温室効果は凄まじく、結果的にこのような高温環境が生じているわけである。しかし、もし温室効果がなければ、金星は地球よりも太陽に近いのに地球より寒冷環境だったかもしれないわけである。

一方、火星の有効温度はマイナス五六℃で、実際の平均温度であるマイナス五三℃とあまり変わらない。これは、火星大気が二酸化炭素からなるといっても、〇・〇〇六気圧しかないきわめて薄い大気であるため、温室効果が弱いからである。ただし、もし二酸化炭素の量がもっと増えれば、その温室効果によって、火星を温暖な環境にすることも可能とされている。火星表面にみられる川の流れた跡のような地形などから、過去の一時期には、火星も温暖湿潤な環境をもっていた可能性が議論されている。それは、当時の火星大気が現在とは大きく異なっていたことを示唆する。

というわけで、地球や惑星の表層環境は、太陽放射、惑星アルベド、大気の温室効果の組み合わせによって決まるということが理解できただろうか。この組み合わせがいろいろ変わることによって、地球や惑星の表層環境は大きく変化し得る。ということは、これらの要素が時間的に変化したら、地球や惑星の環境も時間的に大きく変動し得ることになる。

実際、地球環境は地球史を通じて大きく変動してきたことが知られている。そしてそれがまさに本書の主題である。その話に入る前に、もうひとつ大事な問題について言及しておこう。

三　海の存在

金星と火星にも海はあったか

地球では液体の水が海として存在しているということが、大きな特色のひとつであった。じつは、火星や金星にも、かつては海が存在していた可能性が考えられている。

火星の場合、南半球に比べて北半球は地形的に高度の低い低地であることが知られており、その境界は断崖絶壁で区切られている。そして、その境界の地形をくわしく調べてみると、「海岸線跡」のようなものがぐるりと低地の周りを取り囲んでいることがわかったのである。それが海岸線ではないかと考えられているのは、たんなる地形的類似性からだけではなく、その地形が当時の「海面水位」であったことを示唆するように、ほぼ等しい高度にあり、しかもその南側の高地にみられる川の流れた跡のような地形の先端、つまり「河口」が、その高さに沿って集まっているように見えるからである。すなわち、これは初期の火星に海があったことを示唆する証拠ではないかと考えられるのだ。

一方、金星の表面は、数億年ほど前に大規模な地表更新（溶岩の全球的な噴出）が生じたらしいため、古い時代の地形がほとんど残っていないと考えられている。そのため、火星のように過去の環境についての情報を得ることができない。しかし、理論的には初期の金星に海が形成されていた可能性もあることが指摘されている。ただし、たとえ海が形成されていたとしても、金星は太陽に近いため、大気上空で水蒸気が分解され、軽い水素が宇宙空間へと逃げていくことによって、金星史を通じて海は徐々に消失したものと考えられる。

このように、地球だけでなく、火星や金星にもかつて海が存在したという可能性が議論されている。それでは、そもそも惑星表面に液体の水が存在できる条件とはいったいどういうものなのだろうか。液体の水が存在できないということは、水がすべて固体（氷）になってしまうか気体（水蒸気）になってしまうということである。地球の気候が極度に寒冷化するか温暖化すれば、そうした状態になる可能性がある。それでは、そうした状態は実際に起こり得るのだろうか。

寒冷化が進む地球の状態

太陽放射もしくは大気の温室効果が低下すれば、地球は寒冷化する。寒冷化によって、まず極域の水が凍るだろう。寒冷化がさらに進めば、氷は徐々に低緯度側へと張り出す。やがてついには、地球全体が極から赤道まですべて氷に覆われてしまうと考えられる。このような状態は「全球凍結状態」と呼ばれ、理論上、実現する可能性は十分あることがわかっている。これが地表面に液体の水が存在できない状態のひとつである。

地球が全球凍結する際、おもしろいことが生じると考えられている。気候が寒冷化して気温が低下すれば、地表の水は凍結して氷になってしまう。氷は太陽の光を反射しやすい、つまり、氷ができることによって地球の反射率が高くなるため、地球が受け取る太陽放射は低下する。すると地球はさらに寒冷化し、ますます氷ができやすくなる。寒冷化による氷の形成を通じて、気候の寒冷化がさらに強まるのだ。

これは暴走的な寒冷化を引き起こす性質であり、「正のフィードバック」と呼ばれるプロセスである。あるきっかけで生じる変化が、互いに原因と結果の関係となって、変化をさらに助長するような働きである。システムを暴走させるような働きだということもできる。いまの場合、氷の反射率（アイスアルベド）が高いことによって寒冷化がさらに促されることになるため、「アイスアルベド・フィードバック」と呼ばれている。

アイスアルベド・フィードバックが作用すれば、暴走的な寒冷化が生じる可能性がある。理論的な研究によると、極から張り出した氷が緯度三〇～二〇度にまで達すると、気候システムは突然不安定になり、この暴走的なフィードバックによって赤道まで一気に凍って、地球は全球凍結状態に陥ってしまうものと考えられている。

温暖化による海の消失シナリオ

それでは逆に、温暖化によって海の水はすべて蒸発するのだろうか。じつは、大気中の二酸化炭素濃度がどんなに増えたところで、海の水がすべて蒸発することはないということがわかっている。たとえ金星並の二酸化炭素分圧（約九〇～数十気圧）になったとしても、地球の平均気温は約二〇〇℃ほどである（表1－1参照）。気圧が高いため、水は一〇〇℃を超えても液体状態で存在できることに注意しよう。

それでは、海洋がすべて蒸発するということは絶対に起こらないのかというと、そのようなことが生じる場合もあることがわかっている。地球が受け取る太陽放射のエネルギーが、ある臨界値を上回った場合だ。現在の地球が正味で受け取っている太陽からのエネルギーは、単位面積あたりの地球全体の平均値として約二四〇ワットである。この値が、約三〇〇ワットを超えてしまうと、地表面には液体の水が存在できなくなる。それはいったいどういうことだろうか？

地球が受け取る太陽放射のエネルギーが増えれば、それとつり合うために、地球が放射するエネルギーも増えなければならない。もしそうでなければ、受け取るエネルギーが過剰なので地表温度が増加し、温度の四乗に比例して地球放射が増加するため、やがてどこかで両者がつり合うことになるはず、というのは前述のとおりである。

ところが、地表温度が増加すれば大気中の水蒸気量も増加する。大気中の水蒸気量が大幅に増えて水蒸気が大気の主成分になってくると、地球が放射できるエネルギーはある一定値に近づく。これは、水蒸気が二酸化炭素などと比べて赤外線をずっとよく吸収する性質をもっているため、地表から放出された赤外線はほとんどすべて水蒸気の大気が吸収してしまい、宇宙空間へ逃げていく赤外線は大気の上空から再放射されたものになってしまうからである。

こうなると、地球が放射できるエネルギーは、地表温度が何℃であろうとまったく関係がなくなり、ある決まった一定値になってしまう。この、水蒸気の大気が射出できる放射の上限のことを「射出限界」と呼ぶ。

地表に入射する太陽放射エネルギーがこの射出限界を超えてしまうと、宇宙空間に放出される惑星放射のエネルギーは一定なので、エネルギーのつり合いがとれなくなってしまうという事態が生じる。エネルギーの過剰分は地表温度を上昇させ、水を蒸発させせることに使われる。この結果、海の水はやがて全部蒸発してしまう。

しかし、海の水が全部蒸発しても地表ではなお過剰なエネルギーを受け取っており、そのエネルギーは地表温度をさらに上昇させることに使われる。地表温度は果てしなく上昇し、やがて岩石が熔ける温度（約一二〇〇℃）に達する。こうして、地表はマグマの海、「マグマオーシャン」に覆われることになる。このような極端な高温環境は、「暴走温室状態」と呼ばれる。地表面に液体の水が存在できない、もうひとつの場合である。

暴走温室状態は、次章で述べるように、地球形成期に実際に生じたのではないかと考えられている。また、これは遠い未来の地球の姿でもある。

ハビタブルな条件

全球凍結状態と暴走温室状態。どちらも液体の水が地表面には存在できない極端な気候状態である。これらの状態においては、生命はとても生存できそうにない。そう考えると、現在の地球の温暖湿潤な環境というのは、生命にとっていかに好都合な環境であるかがよくわかるであろう。生命にとってハビタブルな条件が、液体の水が存在することだとすれば、それは惑星環境が全球凍結状態でも暴走温室状態でもないこと、と言い換えることができる。

ただし、そのような条件が一時的に実現されても仕方がない。前述のように、火星や金星にもかつて海が存在していた可能性があるが、現在では海が存在できない環境になってしまった。それでは、ハビタブルな惑星とはいえないのである。

ハビタブルな条件は、海が存在できるような環境が長期間（〜数十億年間）にわたって維持されることである。地球がハビタブルな惑星といわれるのは、地球史を通じて海が存在し続けてきたからである。それはすなわち、地球環境が安定であり、海が存在できる条件が長期間にわたって維持されてきたからだといえる。いったいどうして、地球環境はそんなに長期間にわたって安定に維持されてきたのだろうか。それこそが、地球が「奇跡の惑星」と呼ばれる所以《ゆえん》であり、地球が生命に満ちあふれたハビタブルな惑星である所以だといえるだろう。この「地球環境の安定性」については、第3章でくわしく述べる。次の第2章では、そもそも地球を取り巻く大気と海洋がどのように形成されたのか、という問題について考えてみたい。

第2章 大気と海洋の起源

一　海の水はなぜ塩辛いのか?

一般市民やマスコミから数年に一度は必ず聞かれる質問がある。「海の水はいつから塩辛いのか?」というものだ。海の水が塩辛いのは、海水に塩分(ナトリウムイオンや塩素イオンなど)が溶け込んでいるからであるが、そのようになったのはいったいいつからなのか、ということである。

これは大変素朴な疑問ではあるが、じつはかなり本質的な問いでもある。というのは、この問題は、大気や海洋の起源、すなわち大気や海がいつどのようにして形成されたのか、という問題に関係しているからである。つまり、これは海水に溶けている塩分の起源だけでなく、大気や海洋自体の起源にまでつながっている問題なのだ。

なぜ海水の組成は変わらないのか？

そもそも、大気や海洋は「地球システム」を構成する要素（サブシステム）のひとつである。サブシステム間においては熱や物質のやり取りが生じている。したがって、大気や海洋は、それ自体が単独でほかと無関係に存在しているわけではない。たとえば、火山活動が生じれば、地球内部から大気へと火山ガスが放出される、あるいは陸から海へと河川水が流れ込んでいる、などといったことを考えてみればよい。火山ガスには水蒸気や二酸化炭素などが含まれているし、河川水には、大陸地殻を構成する鉱物が雨水や地下水によって溶解し（これを「化学的風化作用」という）、溶け出たカルシウムイオンやナトリウムイオンなどがたくさん含まれている。つまり、大気や海には、地球内部や大陸地殻などの固体地球からさまざまな物質が供給され、長い時間をかけてそれらが蓄積した結果、現在みられるような姿になったのではないかと考えられるのだ。

そこで、いま簡単な思考実験をしてみよう。地球内部の物質が熔けてマグマが生じ、それが冷えて固まることで形成された岩石（火成岩）が地表において風化作用を受けたとする。そして、火成岩から溶け出たさまざまな化学成分が、河川を通じて海に流れ込んだと考える。

表2－1には、河川水と海水の主要成分がまとめてある。これらを比べてみると面白いことがわかる。河川水と海水は、主要成分は同じだが、濃度の順番が異なるのだ。た

表2-1　海水と河川水の組成

溶存成分	海水中の濃度 $(10^{-3}mol/l)$	河川水中の濃度 $(10^{-3}mol/l)$	平均滞留時間 $(10^{6}years)$
Na^{+}	479.0 ①	0.315 ②	55
Mg^{2+}	54.3 ②	0.150 ③	13
Ca^{2+}	10.5 ③	0.367 ①	1
K^{+}	10.4 ④	0.036 ④	10
Cl^{-}	558.0 ①	0.230 ②	87
SO_4^{2-}	28.9 ②	0.120 ③	8.7
HCO_3^{-}	2.0 ③	0.870 ①	0.083
NO_3^{-}	0.02 ④	0.010 ④	0.072

とえば陽イオンを見てみると、河川水では、カルシウムイオン、ナトリウムイオン、マグネシウムイオン、カリウムイオンの順番であるが、海水では、ナトリウムイオン、マグネシウムイオン、カルシウムイオン、カリウムイオンという順番である。陰イオンの場合、河川水では炭酸水素イオン、塩素イオン、硫酸イオンの順番であるが、海水では塩素イオン、硫酸イオン、炭酸水素イオンという順番である。つまり、河川水による物質の供給がこのまま続けば、海水の塩分が増加するとともに、海水組成もどんどん変わってしまうことになるのだ！

　ところが、古い時代の地層を調べてみると、少なくとも過去数億年間にわたって、海水組成はそれほど大きく変わらなかったらしいことが知られている。これはいったいどういうことだろうか？

元素の供給源

答えは簡単である。河川によって流入してきた物質は、基本的に、ほぼ同じ分だけ海水から除去されている、ということである。たとえば、河川からの流入量が多いカルシウムイオンや炭酸水素イオンは、海水中では炭酸カルシウムとして沈殿する、というわけである。そうすれば、河川による物質の流入があっても、海水の組成も塩分も大きく変わることはない。海水から沈殿して除去された物質は、海底堆積物の一部になるものと考えられる。

そう考えると、すべての元素について、火成岩と海水と堆積岩という三つのリザーバ(物質の貯蔵場所)にそれぞれがどのくらい存在しているのかを調べることで、物質の収支を検証することができるはずである。この考え方は「地球化学的収支」と呼ばれ、二〇世紀前半に盛んに議論された。そのような議論からわかったことは、大気と海洋に関係の深い元素の不思議な特徴であった。

多くの元素はこの三つのリザーバにおける存在量がうまくつり合っていた。すなわち、もともと火成岩中に含まれていたある元素は、風化作用によって溶け出して海水に蓄積し、その一部は沈殿して現在では堆積岩中に存在している、と考えることができるのだ(海底堆積物の一部は、長い時間と地質学的なプロセスを経て、現在では堆積岩として陸上に分布している)。ところが、ある特定の元素については、この収支を明らかに満たしていないのである。それらは、水、炭素、塩素、硫黄、窒素などであり、すなわち大気や海水の主要成分であった。これらの元素は、一般に「揮発性成分」と呼ばれる。揮発性成分は地球化学的収支を満たしておらず、火成岩から供給された以上の量が大気や海水中に存在している、というわけである。そこで、これらは「過剰揮発性成分」と呼ばれた。その過剰分はいったいどこからきたのだろうか？

もとから海は塩辛い

いちばん考えやすいのは、過剰分は地球内部から火山ガスとして「脱ガス」してきた、というものだ。脱ガスしてきたと考えられるのは、大気を構成する窒素や二酸化炭素ばかりでなく、海水を構成する水や塩素、硫黄なども含まれるということだ。つまり、大気も海洋も、地球内部からの脱ガス作用によって形成されたらしいということだ。大気成分だけでなく、海水に溶けている陰イオンも、もともとは地球内部からの脱ガス成分だということがポイントである。ちなみに、海水に溶けている陽イオンはどうしたのかといえば、前述のように、火成岩の風化作用によって供給されたと考えることができる。

それでは、そのような脱ガス作用はいつ起こったのかといえば、次節で述べるように、その大部分は地球形成期に生じたと考えられる。ということは、地球誕生時には、大気も海洋もすでに形成されていたことになる。

海水に陰イオンとして溶けている塩素や硫黄、炭素は、水に溶けて酸（塩酸や硫酸、炭酸）になる。つまり、地上に降った最初の雨は必然的に強酸性で、原始地殻と接触するなり激しく化学反応を起こし、陽イオンが溶け出ることで急速に中和され、原始海洋が形成されたのだろうと考えられる。それは、地球の形成と同時であったはずだ。

冒頭の質問に戻ると、海は約四六億年前の地球誕生時から存在しており、最初から塩辛かったであろうことはほぼ間違いない、という答えになる。

二　大気や海洋はいつどうやってできたのか？

大気や海水に含まれる陰イオン（塩素、硫黄、炭素など）は揮発性成分であり、地球内部からの脱ガスによって地表にもたらされたことを述べた。一方、海水に含まれる陽イオン（ナトリウム、マグネシウム、カルシウム、カリウムなど）は揮発性成分ではなく、岩石から溶け出た成分であった。そして、大気や海洋の形成は地球の起源にまでさかのぼる。

大気形成の謎を解く鍵、希ガス

現代の惑星形成論によれば、宇宙に漂う「分子雲」と呼ばれる巨大なガスのとくに物質の密度が高いかたまり（分子雲コアと呼ばれる）が重力的に収縮すると、中心部には星、その周辺には「原始惑星系円盤」と呼ばれる回転するガス円盤が形成される。この、原始惑星系円盤において、惑星が形成されるのだ。太陽系を形成した原始惑星系円盤のことを原始太陽系円盤と呼ぶ。そのほとんどは水素とヘリウムからなるガスであるが、一パーセントほど固体微粒子が含まれている。この固体微粒子が集まって、「微惑星」と呼ばれる、直径約一〇キロメートルの小天体が形成される。微惑星は中心星の周りを公転しながら互いに衝突し、合体する。こうして惑星が形成される（図2-1）。この際、

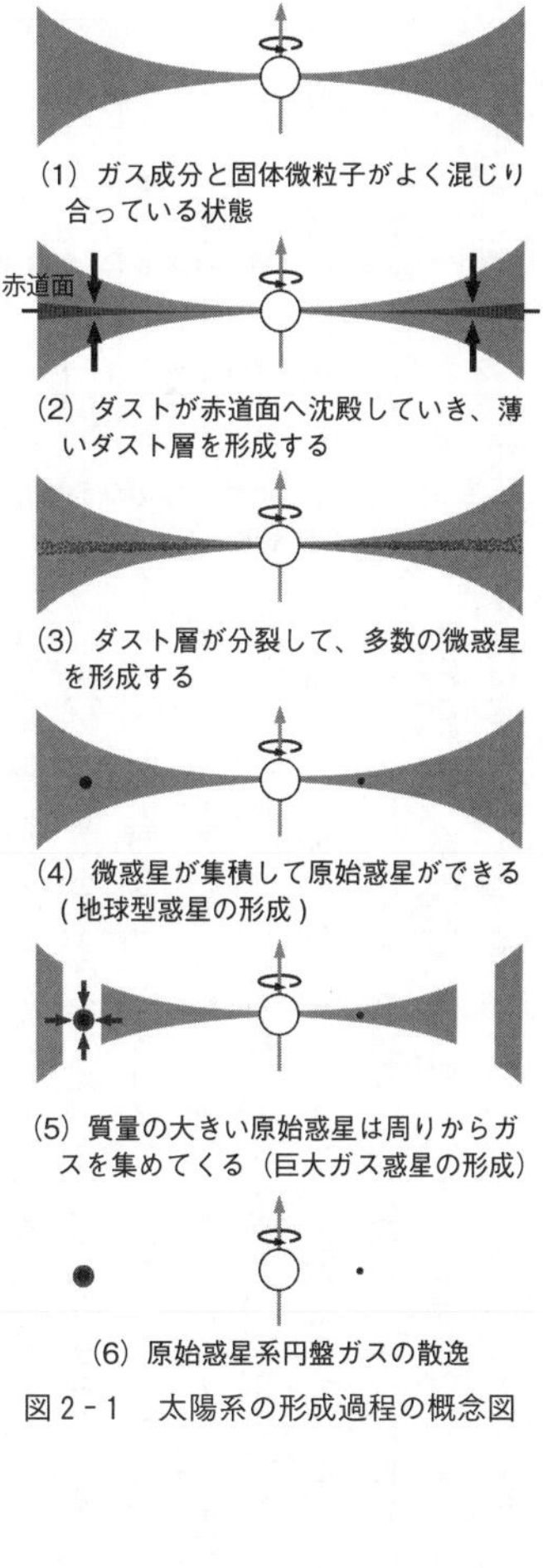

(1) ガス成分と固体微粒子がよく混じり合っている状態

(2) ダストが赤道面へ沈殿していき、薄いダスト層を形成する
(3) ダスト層が分裂して、多数の微惑星を形成する
(4) 微惑星が集積して原始惑星ができる（地球型惑星の形成）
(5) 質量の大きい原始惑星は周りからガスを集めてくる（巨大ガス惑星の形成）
(6) 原始惑星系円盤ガスの散逸

図2-1　太陽系の形成過程の概念図

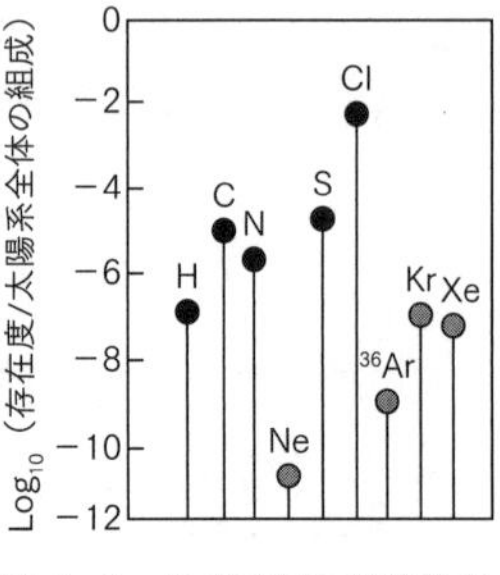

図2-2　地球表層の揮発性成分の存在度

惑星には「大気」が形成されると考えられる。

大気の形成を考えるうえで、大気に含まれる「希ガス」が重要なヒントを与えてくれる。希ガスというのは、前述のように、化学的に不活性なので不活性ガスとも呼ばれる元素で、ヘリウム、ネオン、アルゴン、クリプトン、キセノンなどのことである。

たとえば、炭素や硫黄などの元素は化学反応性に富むため、挙動が大変複雑で、その履歴を復元することはとても難しい。しかし希ガスは化学反応を起こさないので、その挙動はとても単純に考えることができる。すなわち、いったん脱ガスしたらそのまま大気に蓄積する、というものだ。

そこで、地球表層に存在している希ガス及びほかの揮発性成分の相対的な存在度をみたものが図2-2である。縦軸は、太陽の組成（すなわち、ほぼ太陽系の組成）を基準にして、その相対値が対数で表されている。地球は原始太陽系円盤ガス中で誕生したのだから、もし周囲に存在していた原始太陽系円盤ガスを重力的に捕獲したとすれば、揮発性成分組成は太陽と同じ組成になるはずである。ところが、図2-2をみても明らかなように、その存在度は太陽組成（縦軸がゼロのレベルが太陽と同じ組成）と比べて二桁から一〇桁も低く、しかも元素ごとに非常に異なっている。

もう少しくわしく眺めてみると、化学的な反応性に富む揮発性元素（水素、炭素、窒素、硫黄、塩素）に比べて、化学的に不活性な希ガス（ネオン、アルゴン、クリプトン、キセノン）の存在度は相対的に低い。これはいったいどう考えたらよいのだろうか。

地球大気の二次起源説

現在の地球の姿は、地球誕生後およそ四六億年に及ぶ長い進化を経た姿である。必ずしも地球誕生時の姿をそのまま保存していない可能性がある。ある元素は地球内部に取り込まれてしまったり、ある元素は宇宙空間へ散逸してしまったりした可能性もあるからである。

ところが、ちょっと考えて欲しい。もしこれらの元素が地球内部に取り込まれたのだとすると、化学反応しやすい元素ほど取り込まれやすいはずで、化学的に不活性な希ガスはほとんど取り込まれないはずである。しかし、現実はその逆のパターンを示している（図2-2）。また、宇宙空間への散逸は、一般的に気体分子の質量に依存しており、軽い水素やヘリウムは散逸できたとしても、それ以上重い分子は散逸するのは困難である。なによりも、図2-2には質量が軽いほど存在度が低いというような傾向がみられない。

このことが意味するのは、地球の大気は、原始太陽系円盤ガスを重力的に捕獲したもの（一次大気と呼ばれる）ではなく、惑星をつくる材料物質と考えられる微惑星から二次的に脱ガスしてきたもの（二次大気と呼ばれる）だということである。微惑星は、もともと原始太陽系円盤ガス中で凝結した固体微粒子が集まって形成されたものであるが、その際にガス成分も原始太陽系円盤ガスからいったん取り込まれたのである。ただし、その取り込まれやすさは、化学反応性に富む元素のほうが大きく、希ガスは取り込まれにくかったはずである。それらのガス成分が、地球形成中もしくは形成後に脱ガスしたのだとすれば、図2-2のような存在度のパターンを示すだろう。

すなわち、地球の大気と海洋は、地球を構成する固体物質からの二次的な脱ガスによって形成されたのだと考えられる。これを地球大気の二次起源説という。一九五〇年にブラウンによってはじめて指摘された考えである。

同位体比に注目する

それでは、大気や海洋はいつ形成されたのだろうか？　まず、「連続脱ガス説」と呼ばれる有名な仮説を紹介しよう。これは読んで字のごとく、地球史を通じた連続的な脱ガスによって大気や海洋が形成された、とする仮説である。ウィリアム・ルーベイという研究者によって、やはり一九五〇年代に提唱されたものだ。

ルーベイは、火山活動にともなって放出される火山ガスの組成が、水蒸気や二酸化炭素を主成分とするものであり、それが地球表層の揮発性成分の組成と似ていることに注目した。そして、現在のような火山活動が地球誕生時からずっと生じてきたとすれば、現在みられるような大気や海洋が形成されるはずである、と考えた。これは「斉一説《せいいっせつ》」と呼ばれる典型的な考え方である。斉一説とは、過去の地球上で生じていた現象やプロセスは、現在の地球で観察される現象やプロセスと基本的に同じものである、とする考え方である。

ところが、連続脱ガス説とは明らかに矛盾する地質学的証拠が発見された。西グリーンランドのイスアと呼ばれる場所に露出する、約三八億年前の堆積岩である。現在の地球では深さ数千メートルの深海底で形成されているような堆積物が、この約三八億年前の地層においてもみられるのである。しかし、この時期は地球形成からたった約八億年後であり、地球史全体の約六分の一しか経ていない時期である。連続脱ガス説によれば、海洋の規模も現在の約六分の一だったことになる。単純計算では、大陸が存在しないとした場合の海洋の平均深度二六〇〇メートル（実際には大陸があるので平均深度は三八〇〇メートル）の六分の一、すなわち、たった四〇〇メートル程度しかなかったことになる。これでは、イスアでみられる深海堆積物の形成を説明することは難しい。

ここで、また希ガスに注目することで、もう少し定量的な議論をしてみよう。今度は、希ガスの「量」ではなく、「同位体比」に注目する。元素の同位体というのは、原子核を構成する陽子の数は同じだが中性子の数が異なるものどうしのことを指す。化学的な性質は同じだが、質量が異なるので物理的な挙動が異なる。たとえば、炭素には安定同位体（放射壊変しないもの）として炭素一二（^{12}C、質量数が一二）と炭素一三（^{13}C、質量数が一三）、放射性同位体（放射壊変するもの）として炭素一四（^{14}C、質量数が一四）、という三つの同位体が存在する。

アルゴン四〇

いま、希ガスの中で、アルゴンに注目する。アルゴンは、大気中で窒素と酸素に次いで三番目に多い成分であった。アルゴンには質量数が三六と三八、四〇という三つの安定同位体が存在するが、このうち質量数三六のアルゴン三六（^{36}Ar）と質量数四〇のアルゴン四〇（^{40}Ar）の存在比について考えてみる。

アルゴン四〇は、カリウムの放射壊変によって生成される、放射壊変起源元素である。それに対して、アルゴン三六は非放射壊変起源元素である。したがって、アルゴン三六に対するアルゴン四〇の存在比は、時間とともに増加する。

現在の地球大気中のアルゴン三六に対するアルゴン四〇の比は、二九五・五である。すなわち、アルゴン四〇がその大部分（九九パーセント以上）を占めているということになる。その理由は、岩石に大量に含まれるカリウムの同位体であるカリウム四〇（^{40}K）が電子捕獲と呼ばれる放射壊変を行うことによってアルゴン四〇が生成され、それが地球史を通じて地球内部から脱ガスしてきて大気中に蓄積したからである。

ちなみに、電子捕獲による放射壊変は、一九三五年に湯川秀樹らによって理論的に予言され、一九三七年にルイス・アルヴァレズによって実験的に証明された。ルイス・アルヴァレズはノーベル物理学賞を受賞した米国の素粒子物理学者で、晩年には地質学者である息子のウォルター・アルヴァレズとともに、いまから約六五〇〇万年前の白亜紀と古第三紀の境界層にイリジウムなどの白金属元素が異常濃集していることを発見し、小惑星が地球に衝突したことによって恐竜を含む生物の大量絶滅が引き起こされたとする有名な説を提唱したことでも知られる（第7章を参照）。

初期大規模脱ガス説

さて、いまから約四六億年前の地球誕生時（＝太陽系誕生時）のアルゴン四〇／アルゴン三六は、元素合成理論から一万分の一のオーダーだったと推定されている。しかし、カリウムは岩石中に多く含まれるため、地球内部におけるアルゴン四〇／アルゴン三六は、時間とともに増大する。現在観測されている地球内部起源のアルゴン四〇／アルゴン三六の最高値は約四万である。これに対し、現在の地球大気中のアルゴン四〇／アルゴン三六の値は、前述のように二九五・五である。これらの情報は、大気の形成と進化に重要な制約を与える。

たとえば、もし地球内部からの脱ガスが一〇〇パーセント最近起こったものだとしたら、大気中のアルゴンの同位体比は約四万という値になっているはずである。逆に、もし地球内部からの脱ガスが一〇〇パーセント地球誕生時に起こったのだとしたら、大気中のアルゴンの同位体比は約一万分の一という値になっているはずである。すなわち、大気中のアルゴンの同位体比が二九五・五という値をもっているということは、ある特別な脱ガスの歴史を反映した結果だと考えられる。

この問題は、一九七〇年代に東京大学の小嶋稔と浜野洋三によって検討された。その結果、現在の大気中のアルゴンの約八〇パーセント以上は、地球形成期または形成後数億年以内に脱ガスしたはずで、残りが地球史を通じた連続脱ガスによって大気にもたらされたものである、と結論された。これを「初期大規模脱ガス説」という。すなわち、揮発性成分の脱ガスの大部分は地球形成期もしくは地球史最初期に生じたはずであり、ということは大気や海洋の形成は地球の形成とほぼ同時期だった可能性を強く示唆する。

水蒸気がもたらす暴走温室状態

初期大規模脱ガスが生じたプロセスは、おそらくは、地球形成プロセスと関係していると思われる。微惑星の衝突によって地球が形成される際、衝突の衝撃によって「衝突脱ガス」と呼ばれる現象が生じることが実験的にわかっており、それによって微惑星に含まれていたガス成分が放出されることが、初期大規模脱ガスのメカニズムだったのではないか、と考えられるのだ。さらには、原始地球が成長してくると、微惑星の衝突速度が増加するため、衝突した微惑星はすべて熔けるか蒸発するようになる。そうなれば、揮発性成分は必然的に一〇〇パーセント脱ガスするはずである。

じつは、地球形成期には暴走温室状態が実現されていた可能性がある。暴走温室状態とは、第1章で述べたように、水蒸気を主体とする大気が射出できる放射の大きさには上限があって、それ以上のエネルギーが入射された場合には、エネルギーがつり合わなくなるために地表温度が暴走的に上昇してしまう、というものだった。

それでは、地球が誕生したころの太陽がいまより明るかったのかといえば、そういうわけではない。むしろ当時の太陽は現在よりも暗かったと考えられている（それについてくわしくは次章で述べる）。つまり、太陽放射が大きいために暴走温室状態が実現されていたわけではない。

じつは、地球に集積してくる微惑星の衝突エネルギーと太陽放射の合計が、射出量の限界（単位面積あたり約三〇〇ワット）を超えていた可能性があるのだ。そうなれば地球形成過程において暴走温室状態が実現されることになる。その結果、地表温度は暴走的に上昇し、水はすべて蒸発して水蒸気の大気が形成される。

水がすべて蒸発しても、温度の上昇は止まらず、やがて一二〇〇℃を超えると、地表を構成している岩石が溶融することになる。地表はマグマオーシャンによって覆われる。そうなると、水蒸気がマグマに溶け込むようになるので、大気を構成する水蒸気量が減少する。こうして暴走が止まり、ひとまず安定な状態に落ち着くようになる。

しかし、暴走温室状態というような極端な条件はそう簡単には維持できない。微惑星の衝突エネルギーが低下して射出量の限界を下回れば、水蒸気はただちに凝結して水になる。水蒸気の大気は一気に崩壊し、大雨が数百年間続いて海が形成される。このときの地球全体の平均降水量は年間四〇〇〇～七〇〇〇ミリメートルと見積もられている。まさに「大降雨時代」と呼ぶにふさわしい状況だ。

これは、東京大学の阿部豊と松井孝典が一九八〇年代に提唱した、地球の海の起源に関する理論研究によって得られた描像である。海は、地球が最終的に現在の大きさになる直前の、地球形成末期に形成された、とするものである。

巨大衝突と暴走温室状態

ただし、水蒸気大気を維持するためには、微惑星衝突が非常に頻繁に生じていなければならない。最近の惑星形成論のシナリオによれば、惑星形成の後期過程においては、火星サイズの原始惑星が地球軌道上に一〇個ほど形成され、それが互いに巨大衝突を起こして地球が形成された、という考え方が有力になっている。地球の月は、最後の巨大衝突によって形成されたのではないかというのだ。だとすると、少なくとも地球形成過程の後期においては、微惑星の衝突頻度はかなり間欠的になっていた可能性が高い。その場合、暴走温室状態を維持することは困難である。

火星サイズの天体が衝突すると、地球の温度は数万℃にまで上昇する。したがって、原始地球は巨大衝突のたびに、一部は蒸発し、一部は溶融することになるが、それらが冷えて固まるまでの過程において地球内部から大きな熱が放出されるため、地球は暴走温室状態を経験することとなる。つまり、そのような場合においても、巨大衝突直後の遷移的な状態として暴走温室状態が生じることになるのだ。十分冷えてくると、水蒸気は雨となり海洋が形成される。巨大衝突のたびに海は蒸発し、また再生するというわけだ。

ちなみに、海洋が存在したとする最古の地質学的証拠は、前述の約三八億年前の深海堆積物だと考えられる堆積岩である。それ以前の地質学的証拠はほとんどなく、海洋の存在を示唆する証拠もあるにはあるが、すべて間接的なものにすぎない。次節で述べるように、液体の水の存在を示唆する最古の岩石や鉱物の形成年代に基づいて、海洋の形成は約四〇億年前という記述を目にすることがあるが、それは物理的には支持できない。

アルゴンの同位体比からの制約により、脱ガスは地球形成期に生じたことは間違いなく、だとすれば、水や二酸化炭素を含むほかの揮発性成分も同時に脱ガスしていたはずである。地球誕生時に大量の水が地表面に存在していたとするならば、それを水蒸気として維持することは物理的に困難であり、必ず凝結して海が形成されていたはずである。

こうして、約四六億年前の地球誕生時には、大気も海洋もすでに形成されていたものと考えられる。

三　初期地球の環境

地球誕生から初期の約六億年間（約四六億～四〇億年前）は、「冥王代」と呼ばれる時代である（図2－3）。地質学的証拠がほとんど存在しないことから、いまのところすべては闇の中である。「初期地球」とも呼ばれるこの時期の地球のイメージは、まだ小天体が地球に頻繁に衝突していて、溶岩があちこちで噴出する灼熱の世界、そして地球のすぐ近くの軌道を回る大きな月、というようなものだろうか。まだ生命が誕生する以前の「原始の世界」といったイメージだ。だが、実際の初期地球の環境はどのようなものだったのだろうか。

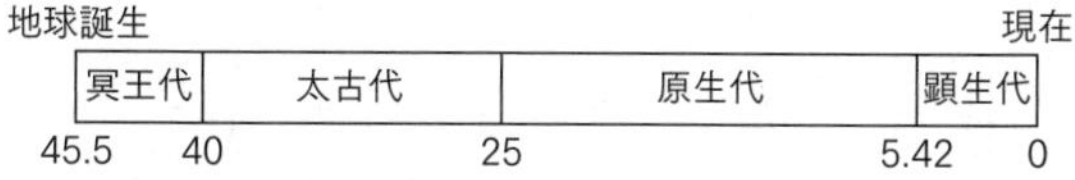

図2-3　地球史年表（単位は億年前）

生命の起源と初期地球大気

地球形成とともに大気や海も形成されたことはほぼ間違いない。しかしながら、形成直後の大気は、おそらく現在の大気とはまったく異なるものだった。大気中に酸素分子はほとんど存在せず、その組成はかなり還元的、すなわち水蒸気よりも水素、二酸化炭素よりも一酸化炭素が多く、場合によってはメタンも存在する、というものだったと考えられる。ただし、水素は軽いために宇宙空間へ散逸し、一酸化炭素やメタンは太陽からの紫外線によって二酸化炭素に変化するため、やがて二酸化炭素と窒素を主体とする大気へ変貌を遂げたと考えられる。

ただし、そのような大気組成の変化がどのくらいの時間をかけて生じたのかについてはまだよくわかっていない。それは、一億年くらいかもしれないし、一〇億年くらいかかったかもしれない。この時間スケールは、水素がどのくらいの速さで宇宙空間へ散逸したのかで決まる。

大気組成の変化は、生命の起源の問題とも密接に関係している。生命の誕生は冥王代から「太古代」（四〇億〜二五億年前、図2-3参照）の初期までに起こった可能性が高いものと考えられている。というのは、約三八億年前にはすでに生命活動が生じていたと考えられる痕跡が見つかっているからである。生命誕生時の地球環境がいかなるものであったのかは、いまのところよくわからないものの、当時の地球環境条件下において、生命の材料物質であるアミノ酸や核酸がつくられる必然性があったことは間違いない。

アミノ酸を無生物的に合成する実験によれば、メタンやアンモニアなどが含まれるような「強還元型」の大気環境下では、火花放電や紫外線、熱などのなんらかのエネルギーを加えることによって、比較的容易にアミノ酸が生成される。しかし、一酸化炭素と二酸化炭素、窒素などからなる「弱還元型」の大気環境下では、アミノ酸を生成することはかなり難しくなり、二酸化炭素と窒素のみのような大気環境下では、アミノ酸はほとんど生成しないことがわかってきたのである。つまり、初期地球の酸化還元環境の変遷が、生命の誕生と深くかかわっているのである。

地球最古の岩石

前述のように、地球誕生後の数億年間は、地質学的証拠がほとんど残っていない暗黒の時代である。最古の堆積岩は、いまから約三八億年前のものだ。これ以前の地質学的証拠は極端に少なくなる（図2‐4）。これまで知られている最古の岩石は、カナダのノースウエスト準州で発見されたもので、いまから約四〇億三一〇〇万年前のアカスタ片麻岩と呼ばれる変成岩である。これは、もともとは、花崗岩と呼ばれる大陸地殻を構

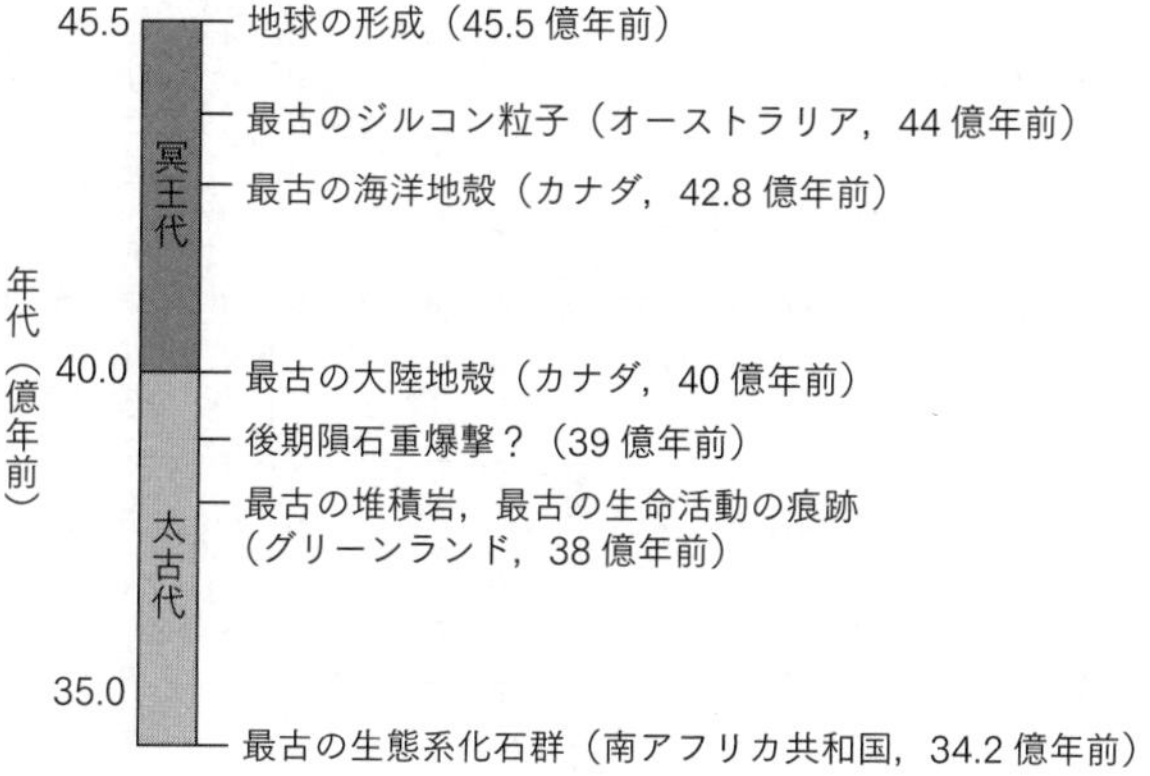

図2-4　初期地球史

成する岩石が高い圧力のもとで変成作用（熱や圧力の影響で岩石の構成鉱物や組織が変化すること）を受けたものと考えられている。すなわち、約四〇億年以上前に大陸地殻が存在していた可能性が示唆される。しかも、花崗岩の形成には水が必要なので、これは海の存在をも示唆する可能性がある。

二〇〇八年九月、これよりもさらに古い岩石がカナダのケベック州北部で発見されたという論文が、英国の科学雑誌『ネイチャー』に掲載された。なんと、約四二億八〇〇〇万年前のものだという。今後、初期地球の環境に関する新たな情報が得られることを期待したい。

現時点において、これよりも古い時代の情報はほとんど残っていない。唯一知られているのは、西オーストラリアのジャックヒルズで発見されたジルコンと呼ばれる鉱物粒子の存在である。ジルコンは花崗岩などシリカに富んだ火成岩を構成する鉱物で、石英や長石などほかの鉱物に比べて風化作用や変成作用に強いことが知られている。そのため、もとになる岩石が後の時代に浸食され、礫岩として堆積した際に、ジルコン粒子だけが生き残ったのだと考えられている。もっとも古いもので約四四億四〇〇〇万年前という年代を示す。地球が誕生した正確な年代は四五・五億年前とされているので、このジルコン粒子が形成されたのはなんと地球が誕生してからわずか一億年という年代である。しかもこれが花崗岩に由来するものだとすれば、そのころまでにすでに大陸地殻の形成が始まっていただけでなく、海が存在していた可能性も示唆する、きわめて貴重な証拠である。

隕石重爆撃期

一方で、地球史初期の数億年間といえば、小天体の衝突頻度が非常に高かった時代だと考えられている。いわゆる「隕石重爆撃期」と呼ばれるものだ。月の表面は、小天体の衝突によって形成された無数の衝突クレーターによって覆われている。アポロ計画によって人類がもち帰った月の石の年代測定の結果、衝突クレーターの数が多い地域ほど形成年代が古いことが明らかになった。このことは、過去にさかのぼるほど衝突クレーターがたくさん形成されたこと、とくに初期の数億年間は小天体の衝突頻度が現在と比べて何桁も高かったことを示唆する。月でそうならば、地球はなおさらである。というのは、地球は月よりもサイズが大きいうえに重力が強いので、小天体が衝突する確率は地球のほうがずっと高いからである。激しい天体衝突が当時の地球環境に与えた影響は計り知れない。

衝突してくる天体は小さいものもあれば大きいものもある。サイズの大きい天体が衝突すれば、一時的に海水がすべて蒸発する「全海洋蒸発」が生じる。全海洋蒸発は、地球史初期の数億年間に数回程度生じたものと推定されている。そのようなことが起これば、たとえ生命が誕生していたとしても、いったんすべて絶滅して、リセットされてしまう可能性がある。つまり、地球史最初期において生命は誕生と絶滅を何度も繰り返していたのではないか、ということになる。その最後の系統が、現在へとつながる生物の共通祖先となった、という考え方である。

ただし、もし初期の生命が、海洋地殻内部の深い領域に逃れていたら、全海洋蒸発が生じても絶滅を免れたかもしれないという指摘もある。実際、現在の地球上にも、「地下生命圏」と呼ばれる驚くべき世界が存在していることが最近明らかになってきた。地殻深部においてもたくさんの微生物が存在していることがわかったのである。しかも、そのバイオマスは、地表の生物圏のそれに匹敵するかそれを上回るという推定すらあるのである。これらの微生物の起源はかなり古い可能性があり、もしかすると初期地球における隕石重爆撃の影響から逃れたものたちの子孫なのかもしれない。

ちなみに、生物の遺伝子を解析すると、熱に強い「好熱菌」もしくは「超好熱菌」と呼ばれるものが、もっとも古い系統に属するらしいという議論がある。つまり、もっとも初期の生命は、高温環境に適応していた可能性があるのだ。もしそうだとすれば、このことは生命が海底熱水系（海底から高温の水が湧き出している場所）のような高温環境で誕生したからか、もしくは激しい小天体衝突を生き抜いてきたことを意味しているのかもしれない。

初期地球の表面は薄い原始地殻に覆われており、その直下にはマグマオーシャンの名残がしばらく存在していた可能性が高い。地球内部は非常に高温で、激しい対流が生じており、大量の溶岩が地表を広範囲にわたって覆うような超大規模な火成活動が頻繁に生じていたであろう。

当時の地球の気候状態がどのようなものであったのかはわからないが、一般的にはきわめて高温環境だったのではないかと考えられている。大気中の二酸化炭素は一〇気圧を下回らなかったという推定もある。

ところが、これとは正反対に、地球史初期の数億年間は地球表面がすべて凍結していた（すなわち全球凍結していた）のではないかという考えも最近は提唱されている。これは、隕石重爆撃によって発生する膨大な量の細かい衝突破片が急速に化学的風化作用を受けることによって、二酸化炭素が速やかに消費され、大気中の二酸化炭素はほとんどすべて炭酸塩鉱物として固定されてしまった、というものである（第3章参照）。条件次第では、そういうことが生じたとしても不思議ではない、ということだ。

冥王代の地球環境がどのようなものだったのかということは、大気・海洋の形成、生命の起源などとも深く関係するとても重大な問題であるが、手がかりとなる地質学的証拠がほとんど残っていないこともあり、まだほとんどわかっていないのが現状である。

第3章　地球環境の安定化の要因はなにか

一　暗い太陽のパラドックス

現在の七〇パーセントの明るさだった太陽

太陽は宇宙に存在するごくふつうの星（恒星）である。星の中心部では、核融合反応が生じている。太陽が明るく輝いているのは、核融合反応によって水素がヘリウムに変換される際に莫大なエネルギーが生成されているからである。

恒星進化理論によれば、星は時間とともにだんだん明るくなっていく。これは、核融合反応の効率が、時間とともに高まっていくからである。現在の太陽も、一億年で一パーセントほどの割合で明るくなっていると推定されている。太陽進化の標準モデルによれば、いまから約四六億年前に誕生したころの太陽の明るさは、現在の約七〇パーセント程度であったと推定されている。

これはよく考えると大変なことである。地球の環境は、太陽からの放射エネルギーに

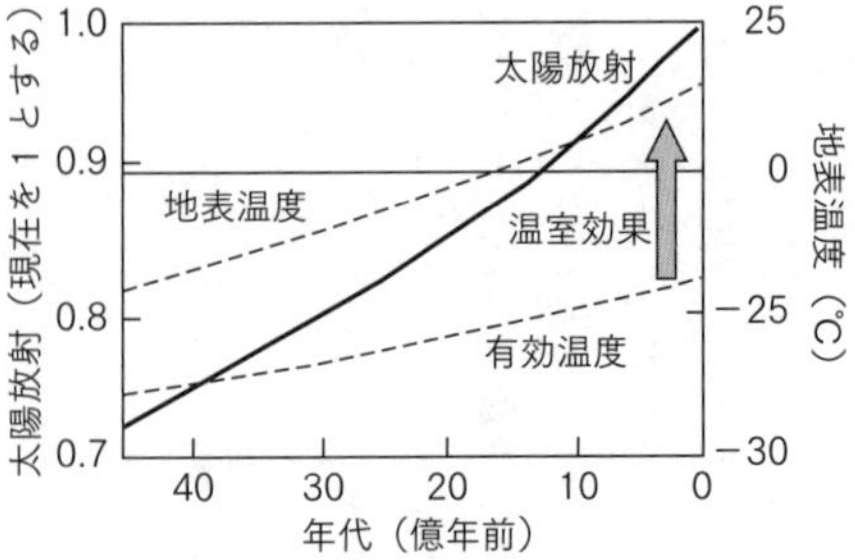

図３-１　暗い太陽のパラドックス

依存しているわけだから、それが七〇パーセントしかなければ、現在とはまったく異なる環境になってしまう可能性があるからだ。

いま、太陽の明るさ以外の条件は時間的にすべて不変だと仮定してみよう。地球の歴史を通じて、大気組成も惑星アルベドも現在と同じだったと考えるのである。すると、地球の気候はどうなるだろうか。過去にさかのぼるほど太陽は暗かったのだから、地球の気候は過去にさかのぼるほど寒冷だったことになる（図３-１）。すると、いまから約二〇億年前よりも以前の地球の平均気温は〇℃を下回ることになる。すなわち、地球史の前半はずっと全球凍結していたはずだということになる。

ところが、そのような地質学的証拠はどこにも存在しない。それどころか、前述のように、約三八億年前以降の地層からは現在と同じ規模の海洋が存在していたことを示唆する地質学的証拠がほぼ連続的に得られている。これは、地球全体が凍結していたという結論とは明らかに矛盾する。この矛盾を「暗い太陽のパラドックス」と呼ぶ。コーネル大学のカール・セーガンらによって一九七二年に指摘された。

このような矛盾が生じたのは、最初に置いた仮定が間違っていたからである。すなわち、太陽の明るさ以外にも、ほかの気候要因が時間的に変化してきたと考えれば、この矛盾は解決できるのだ。たとえば、過去にさかのぼるほど大気中に温室効果ガスがたくさん含まれていたと考えれば、太陽からの放射エネルギーが少なくても、地表を温暖に保つことができるわけである。

温室効果を強める気体

温室効果ガスといえば二酸化炭素ということになるであろうが、この問題が議論された一九七〇年代はじめにおいては、すでに二酸化炭素の温室効果の強さはその上限にあるため、濃度が増加しても温室効果はたいして強くならないと考えられていた。

温室効果をもつ気体は、前述のように、二酸化炭素以外にもいろいろある。たとえば、メタンやアンモニアなどは、大気中に少しあるだけで、暗い太陽の影響を相殺することができるほど温室効果が強い。しかも、そうした気体を含む強還元型の大気の存在は、地球史初期の生命が誕生したころの状況を考えると大変都合がよいというのも前述のとおりである。すなわち、アンモニアやメタンなどが存在できるような強還元型環境は、生命の材料物質であるアミノ酸の無機的な合成には大変都合がよいのである。そこで、こうした気体こそが暗い太陽のパラドックスを解決する温室効果ガスの候補だと考えられた。

しかし、地球のように海をもち、大気中に水蒸気が存在するような条件下において、アンモニアやメタンは安定ではないことが、一九七〇年代後半に明らかになった。大気中の水蒸気が太陽からの紫外線を受けると、「OHラジカル」と呼ばれる、化学的に活性な物質が生成し、それによってアンモニアやメタンはそれぞれ窒素と二酸化炭素に酸化されてしまうのである。その時間スケールは非常に短く、長期にわたって地球を温暖に保つことは、とてもできないことがわかったのだ。

一方、大気中の二酸化炭素濃度が増えれば温室効果はより強くはたらくことが、一九七〇年代後半から八〇年代前半までに示された。そして、太陽放射が現在の七〇パーセントしかなくても、二酸化炭素濃度が現在の数百〜数千倍あれば温暖な環境を十分実現できることがわかった。

そのようなわけで、暗い太陽のパラドックスは、過去の地球大気中に大量の二酸化炭素が存在したとすることによって解決できる。暗い太陽のパラドックスは、地球の大気組成が時間とともに変化してきたこと、すなわち地球大気が進化してきたということを論理的な帰結とする、きわめて示唆に富んだ問題提起だといえる。

しかし、実際に大気中の二酸化炭素濃度は太陽の進化とともにどのように減少してきたのだろうか。二酸化炭素濃度が、太陽の明るさが増大する影響をちょうど相殺するように減少してきたとすれば、地球は常に現在と同様の温暖な環境が維持されてきたことになる。しかし、そのように都合よくものごとが起こってきたのだろうか？

もし、二酸化炭素濃度が非常に増えたり減ったりするようなことが生じれば、地球は生物が生存できないほどの高温環境になったり全球凍結したりしてしまうことが考えられる。そのような破局的な地球環境変動が頻繁に生じるようでは、地球環境は安定だとはとてもいえない。しかし、地球上に生命が存在し、進化し続けてきたことからも、地球環境は長期的にみれば安定だったものと考えられる。そこで次に、地球環境の長期的な安定性について考えてみたい。

二　炭素循環とはなにか

大気中の二酸化炭素濃度は、「炭素循環」によって調節されている（図3－2）。炭素循環とは、地球上で生じている物質の循環システムのひとつであり、こうした「物質循環システム」をもっていることが地球の大きな特色であるといえる。

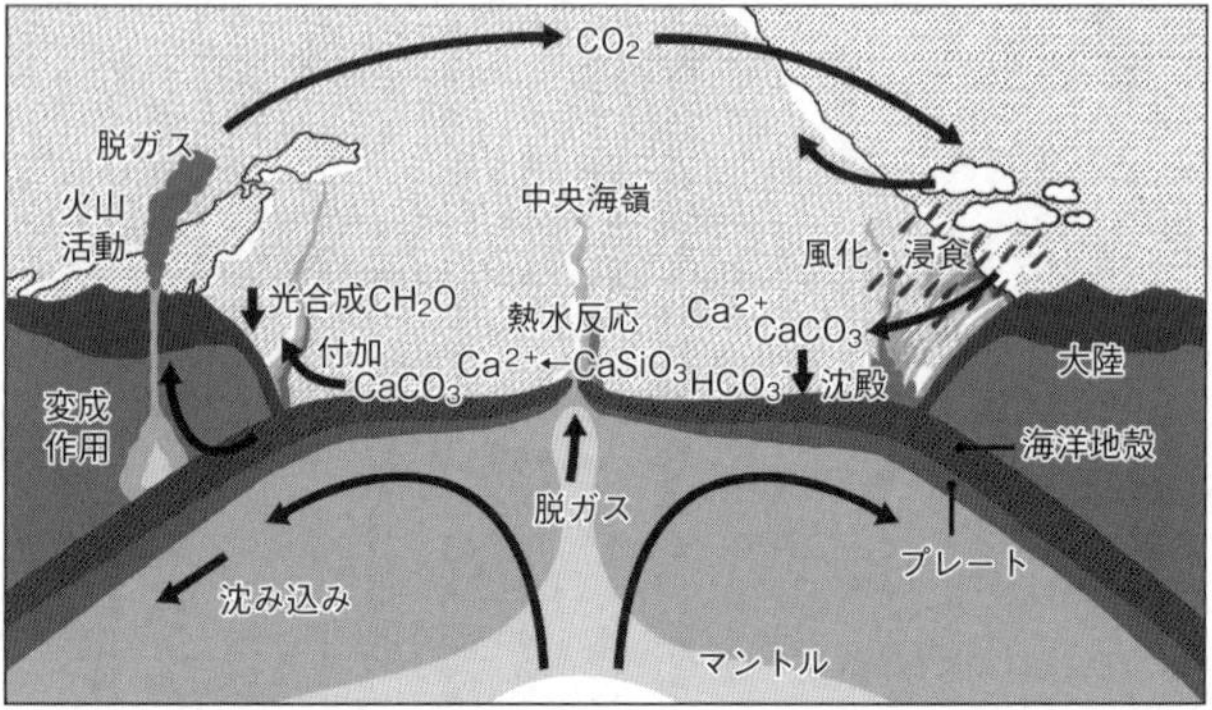

図３-２　地質学的時間スケールの炭素循環

地球上の物質は、長い時間で見れば、常に動いている。二酸化炭素のような揮発性成分は、地球内部からの火山活動などによって地表に脱ガスしてきたことを前の章で述べた。しかし、それは炭素循環のプロセスのひとつに過ぎない。

炭酸塩鉱物と珪酸塩鉱物

大気の二酸化炭素は水に溶けやすく、炭酸となる。炭酸は弱い酸ではあるが、長い時間をかけると大陸地殻を構成する珪酸塩鉱物（珪素を含む鉱物）をも溶かしていく。これが化学的風化作用だ。前述のように、風化作用によってさまざまな陽イオンが岩石から溶け出てくる。これらは河川を通じて海洋へと運ばれる。

海洋においては、炭酸水素イオンとこれらの陽イオンが反応して、主として炭酸カルシウムなどの炭酸塩鉱物が沈殿する。ここで大事な点は、陸上における珪酸塩鉱物の風化作用は、結果的に海水中での炭酸塩鉱物の沈殿をもたらすということだ。つまり、大気中の二酸化炭素はこの一連のプロセスを経て炭酸塩鉱物として固定されることになる。

ちなみに、炭酸カルシウムを主成分とする堆積岩のことを石灰岩と呼ぶ。炭酸塩の沈殿には、現在ではほとんどの場合、生物が関与している。たとえば、有孔虫やココリスなどのプランクトンである。沖縄土産として知られる「星の砂」は有孔虫の殻だ。サンゴ礁も石灰岩でできている。

炭酸塩鉱物は、隆起して陸上に露出すると、風化作用を受けてふたたび炭酸水素イオンと陽イオンになって海洋に戻っていく。海洋においては、これらの炭酸水素イオンと陽イオンとが反応して、ふたたび炭酸塩鉱物が沈殿する。しかし、陸上における炭酸塩鉱物の風化とそれに続く海洋における炭酸塩鉱物の沈殿によっては、大気中の二酸化炭素が正味で固定されたことにはならない。というのは、この一連のプロセスによって、炭素は陸上から海洋へと移動しただけで、正味ではなにも変化していないからである。それに対し、珪酸塩鉱物の風化作用は二酸化炭素を正味で固定する結果になる、というところがポイントである。

二酸化炭素の固定

このように、珪酸塩鉱物の風化作用と炭酸塩鉱物の沈殿は一連のプロセスとしてとらえることができる。じつは、これこそが初期大気中に大量に含まれていたと考えられている二酸化炭素を固定してきた主要プロセスなのだ。もちろん初期の地球上では、炭酸塩鉱物の沈殿は無機的に行われたはずである。

生物は光合成によって二酸化炭素を固定して有機炭素を生合成している。これもまた二酸化炭素の重要な消費プロセスである。

海底に堆積した炭酸塩鉱物や有機炭素は、海洋プレートの運動によって移動し、やがて大陸縁辺部の海溝において、一部は大陸側にはぎ取られて付加し、残りは地球内部へと沈み込んでいく。その際、一部は熱分解して日本列島など沈み込み帯の火山活動によってふたたび地表に脱ガスしてくることがわかっている。このようにして、炭素は地球上を循環している。これが炭素循環である。

ちなみに、地球温暖化においても炭素循環が注目されているが、これはまったく時間スケールが異なるものである。地球温暖化は数年〜一〇〇年程度という、地質学的にみれば非常に短い時間スケールの問題である。そのような時間スケールで二酸化炭素の循環を支配するプロセスはなにかといえば、大気と海、生物圏における二酸化炭素の分配に関わるようなプロセスである。たとえば二酸化炭素の海水への溶解、陸上の森林あるいは海洋の植物プランクトンによる炭素固定などだ。

それでは、長期的にみた場合、炭素循環を通じて大気中の二酸化炭素濃度はどのように決まっているのだろうか。それこそが、地球環境の安定性を決めているはずである。次に、この問題について考えてみたい。

三　地球環境はなぜ安定なのか

風化作用

大気中の二酸化炭素濃度は、大気に対する二酸化炭素の供給と消費のバランスによって決まる。地球環境の長期的な安定性も、当然のことながら、このプロセスと密接な関係にある。

長期的な炭素循環においては、風化作用が大変重要な役割を果たしている。とくに珪酸塩鉱物の風化作用は、海洋における炭酸塩鉱物の沈殿と連携することによって、正味で二酸化炭素を固定する重要なプロセスだ。じつはこのプロセスこそ、地球環境の長期的な安定性を担っていると考えられている。

珪酸塩鉱物の風化作用というのは、一般的な化学反応と同様に温度依存性をもつ。つまり風化作用は、温度が高いほど速く進み、温度が低いほど進みにくい。

ここでいう「温度」とは、いまの場合、風化作用が生じる場所の「気候」を反映したもの、ということになる。すなわち、風化作用は地球の気候状態に大きく左右される。つまり、二酸化炭素の消費量は気候状態で決まり、熱帯のような暖かい気候だと二酸化炭素の消費は激しく、極域のような寒冷気候では二酸化炭素はほとんど消費されない。したがって、これはまさに二酸化炭素濃度を調節する役割を果たすことになる。

たとえば、ある平衡状態にあった気候システムが、なんらかの理由で寒冷化したとする。風化作用はほとんど進まなくなるから、二酸化炭素の消費が減ることになる。一方で、火山活動は気候状態とは無関係だから、いま考えている時間スケールでは二酸化炭素の供給は一定だとする。結果的に、二酸化炭素の消費よりも供給が卓越することになるので、大気中には二酸化炭素が蓄積され、やがて温室効果が強くはたらくようになる結果、気候システムはもとの状態に戻るはずである。

逆に、気候システムが急に温暖化したとする。風化作用が促進されるため、二酸化炭素の消費量が増加し、大気中の二酸化炭素濃度は低下、温室効果も低下する結果、やはり気候システムはもとの状態に戻る。

これは、原因を弱めるような結果をもたらす一連の作用である。このようなはたらきのことを、一般に「負のフィードバック作用」と呼ぶ。負のフィードバックはシステムの暴走的な挙動を抑制する機能をもつ。いわば、システムの安定化メカニズムだ。システムを暴走させる、前述の「正のフィードバック作用」とは、逆のはたらきである。

ウォーカー・フィードバック

地球の気候状態は、まさにこの負のフィードバック作用の存在によって、長期的に安定に保たれてきたと考えられるのだ。これは提唱者であるミシガン大学のジェームス・ウォーカーの名前を取って、「ウォーカー・フィードバック」とも呼ばれている。

もしこのような負のフィードバック作用がなければ、地球の気候状態は大きく変動してしまうだろう。温暖化が始まったかと思えば、どんどん気温が上がって生物が住めないような高温環境になってしまったり、逆に気温がどんどん下がって、一気に地表の水がすべて凍りついてしまう全球凍結状態になってしまったり、ということが繰り返し生じるはずである。

逆にいえば、もし地球がそのような極端な気候変動の繰り返しを経験してこなかったのだとすると、なんらかの気候の安定化メカニズムが必要であり、それがおそらくウォーカー・フィードバックだということになる。

ただし、負のフィードバックはシステムの状態が平衡状態からずれた場合に、それをもとの状態に戻す働きである。つまり、システムの暴走的な挙動を抑制するはたらきであって、システムを常に同一の状態に維持するはたらきではない。というのは、そもそもシステムの境界条件が変われば、システムの平衡状態そのものが変わってしまうからである。

これはどういうことかといえば、たとえば火山活動が活発になったとしたら、大気への二酸化炭素の供給が活発になるので大気中の二酸化炭素濃度が増加し、気候システムの平衡状態は温暖環境になる。逆に、火山活動が停滞したら、二酸化炭素濃度は低下し、気候システムの平衡状態は寒冷環境となる。じつは、これが長期的な気候変動の原理だ。地球がどのような気候状態になるのかは、炭素循環に関わるさまざまなプロセスや条件が変化することによって生じるのである。その実例については第5章で紹介する。

四 二酸化炭素濃度の変遷

それでは、地球史初期に存在したと考えられる二酸化炭素を主体とする大気は、どのようにして現在の大気へと進化してきたのだろうか。この問題の答えは、必ずしもよくわかっているわけではない。というのも、過去における大気中の二酸化炭素濃度を推定することは大変難しいからだ。ここでは、理論的に推定される二酸化炭素濃度の変遷について紹介する。

地球の熱進化

地球史を通じて大きく変化してきたと考えられる気候要因はいろいろある。たとえば、太陽は過去にさかのぼるほど暗かったというのは前述のとおりである。また、地球内部の温度は過去にさかのぼるほど高かったはずなので、一般に、火山活動は過去にさかのぼるほど活発だったと考えられる。

地球内部は誕生時から徐々に冷えていることがわかっている。これを地球の「熱進化」という。地球内部は高温であるため、地球の表面全体から熱を放出して徐々に冷却しているのだ。ただし、地球内部の「マントル」と呼ばれる領域では岩石中に含まれているウランやトリウム、カリウムなどの放射性同位体が放射壊変することによって熱が発生しており、冷却にブレーキがかかっている。実際、放射壊変による発熱がなければ、地球は誕生してからたった数千万年で冷え切ってしまう。火山活動も停止してしまうのだ。それは、惑星としての「死」を意味する。しかし、放射性同位体という「熱源」の存在によって、地球内部は現在でもなお熱い状態を保っており、火山活動も活発なのである。まだしばらくは活動的な惑星であり続けるだろう。

地球の熱進化の研究によれば、過去にさかのぼるほど地球内部の温度は高く、したがってマントル対流も活発であることから、火山活動が激しかったと予想される。となると、大気中に放出される二酸化炭素も多かった可能性が高く、地球環境は過去にさかののぼるほど高温状態だった可能性が考えられる。

大陸成長モデル

一方、地球には花崗岩質の大陸地殻が存在している。花崗岩は、いまのところ地球にしか見つかっていない特別な岩石だ。花崗岩は密度が小さい。そのため、マントルの上に浮いており、海の上に顔を出して陸地となっているわけである。海洋地殻を構成する玄武岩は、地球内部の物質が融けてできたものである。一方、大陸地殻を構成する花崗岩は、玄武岩が水の存在下でふたたび融けてできたものだと考えられている。つまり、花崗岩の形成には「水」が必要なのだ。地球ならではの特別な岩石だといえる。

大陸がどのように成長してきたのかについては、さまざまな議論があって、必ずしもよくわかっているわけではない。前述のように、地球史の最初期にも花崗岩が形成されていたらしい証拠がある。ただし、それは現在のような巨大な大陸地殻を構成するものではなかったようだ。むしろ大陸地殻の大部分は、地球史半ばになってから形成されたらしい。そのひとつの根拠として、海底堆積物の組成が三〇億〜二五億年前のあいだに大きく変わったことが挙げられる。このことから、大陸地殻は地球史半ばに急成長したのではないかとする大陸成長モデルが支持されている。そして、地球史前半において大陸は小さかった可能性が高いようだ。

これは、炭素循環においては非常に重要な意味をもつ。珪酸塩鉱物の風化作用は、現在では主として陸上で生じている。その結果、ウォーカー・フィードバックが有効にはたらいて、地球環境は長期的に安定に維持されているのだった。その大陸が小さかったとなれば、現在とは根本的に状況が異なることになる。極端な場合、大陸地殻が存在しなければ、風化作用は海底で生じるしかない。炭酸塩鉱物は海底熱水系などで直接沈殿していた可能性も考えられる。現在とは炭素循環のシステムそのものが異なるのである。

大局的に見た地球環境の変遷

こうした気候形成要因の変化を考慮したうえで、地球史を通じて大気中の二酸化炭素濃度がどのように低下したのかを調べたものが図3－3である。ここでは、三〇億年前よりも以前の地球上には、地表面積の一〇〇分の一程度の陸地しかなく、三〇億年前以降に大陸地殻が急成長した、という大陸成長モデルを仮定している。

図3－3をみると、地球史前半においては、基本的に大気中の二酸化炭素濃度が高く、気温も高かったという結果になっている。これは、当時は火山活動が現在よりも激しく、大陸面積が現在よりも小さいことの結果である。太陽が暗くてもなお、地球は高温環境となり得ることがわかる。

一方、三〇億年前以降は、大陸地殻が急成長する結果、現在のような炭素循環が機能

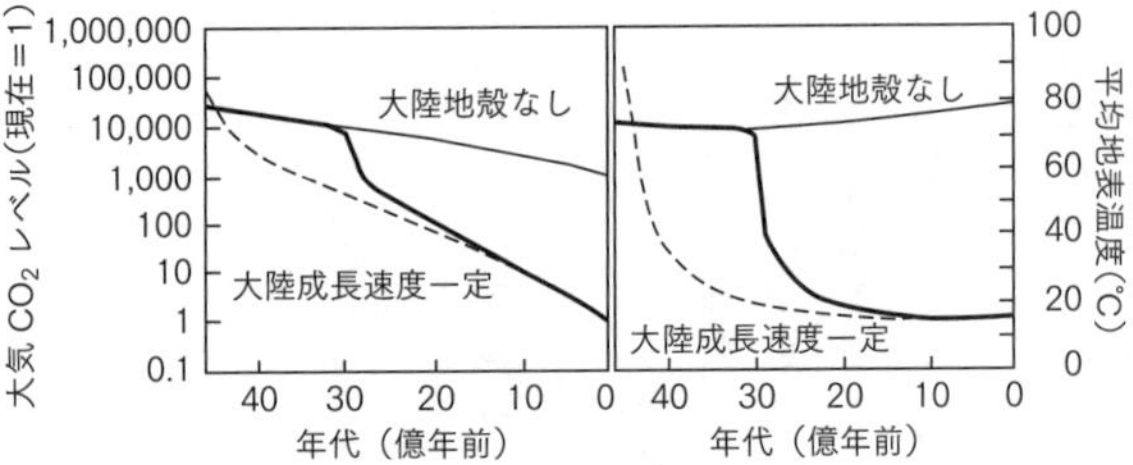

図３－３　地球史を通じた二酸化炭素レベルの変遷
大陸が30億年前から急成長した場合（太い実線）の炭素循環モデルからの推定。

しだし、二酸化炭素濃度は低下し、気温も現在と類似のものになることが予想される。このような進化の傾向は、現在までに得られている過去の気候に関する情報と整合的である。

たとえば、過去の海水温が、堆積岩を構成する酸素の同位体比などを用いて推定されているが、これまで得られている推定結果はみな、三〇億年前より以前の海水温は六〇～一二〇℃程度もあったことを示唆する。また、氷河堆積物は約二九億年前以降になってからようやく出現しはじめるが、三〇億年前より以前にはそのようなものは発見されていない。さらに、もっとも古い生物の系統は超好熱菌や好熱菌と呼ばれる熱耐性をもったバクテリアであるらしい。こうしたことは、初期の地球環境が高温だったことを示唆しているとも考えられる。

さまざまな条件が変化するなかで、地球環境は炭素循環を通じて図３－３のように変遷してきた可能性が高いのではないかと考えられる。ただし、これは進化の大局的な傾向を示したものであり、実際にはより短い時間スケールでのさまざまな変動が生じてきたと考えられる。

五　メタンの役割

古二酸化炭素濃度の推定

過去の大気中における二酸化炭素濃度（古二酸化炭素濃度）を地質記録に基づいて推定することは大変難しい。しかし、それでもいくつかの方法が考えられており、過去数億年間については、そのような古二酸化炭素濃度の推定がたくさんある。しかしながら、それより古い時代における古二酸化炭素濃度に関する情報はほとんどない。

そんななか、約一四億年前の中国の地層から得られた炭素の同位体比を用いて、当時の二酸化炭素濃度を推定したという研究が一例だけある。光合成プランクトンは、環境中の二酸化炭素を細胞内に取り込んで炭素固定を行うが、その際に炭素の安定同位体のうち重い炭素一三よりも軽い炭素一二をより多く取り込む性質がある。二酸化炭素は細胞内に取り込まれた後、酵素が関与する炭素固定反応が行われる。その際、さらに大きな炭素同位体比の変化が生じることが知られている。このように、元素の同位体比を変えるプロセスのことを、「分別効果」と呼ぶ。分別効果の大きさは、環境中の二酸化炭素濃度に対する依存性がある。この性質を利用して、逆に有機物として固定された炭素同位体比の値から環境中の二酸化炭素濃度を推定することができる。

そのような研究の結果、いろいろな不確定要素はあるものの、約一四億年前の大気中の二酸化炭素濃度は、現在の一〇～二〇〇倍程度であることがわかった。これは、理論的に予想される当時の二酸化炭素レベルの推定範囲に入ることから、過去の二酸化炭素濃度が現在よりも高かった証拠だとみなされている。

それより古い時代については、「古土壌」と呼ばれる昔の土壌を用いた古二酸化炭素濃度の推定がある。いまから二二億～二七億五〇〇〇万年前の古土壌に共通する特徴として、鉄を含む炭酸塩鉱物が存在しない、というものだ。このことは、当時の環境中の二酸化炭素濃度が低かったからだと解釈できる。そのような条件を推定すると、この時期の二酸化炭素濃度は現在の一三三倍よりも低かったはずだということになる。しかし、これは理論的に推定される当時の二酸化炭素濃度と比べて有意に低いことが問題となった。というのも、もしこの結果が正しければ、過去の地球環境が高い二酸化炭素濃度によって温暖に維持されてきたとする考え方が本当に正しいのか疑わしくなるからである。少なくとも二十数億年前において、二酸化炭素濃度は温暖環境を維持できるほどは高くなかったということになる。

このような研究結果の受け取り方はふた通りある。ひとつは、この研究の手法や解釈が適切ではないか、分析した岩石試料が後の時代に変質を受けてしまっている、というものだ。簡単にいえば、この結果は信用できないということである。その可能性はある（もちろんそれは、こうした研究が難しいことの裏返しでもあるのだが）。

別の考え方は、この結果が正しいとした場合、当時の地球環境はどのようにして温暖な状態を維持していたのか根本的に考え直す、というものである。太陽が暗いことに加えて、大気中の二酸化炭素濃度も低かったのだとすると、いったいどうすれば温暖な環境を維持することができたのだろうか？

メタン菌

二二億年前よりも以前というのは、大気中の酸素濃度がまだ低い時期である（第4章参照）。そのような環境下においては、現在では「嫌気的」な環境、すなわち酸素がほとんどない地中や海底堆積物中などの環境に追いやられている生物が、地球上のいたるところで活動できたはずである。なかでも、「メタン菌」（あるいはメタン生成古細菌）と呼ばれる、水素と二酸化炭素からメタンをつくることでエネルギーを得ている生物の役割に注目が集まっている。

地球上のすべての生物は、「古細菌」（アーキア）、「真正細菌」（バクテリア）、「真核生物」（ユーカリア）の三つに大分類されている。私たち人類を含む動物や植物はすべて真核生物である。メタン菌は古細菌に属する生物で、高温環境にも適応している。いまから三五億年ほど前にはすでに存在していたとする報告もある。

メタン菌は、現在では海底堆積物中や土壌中、あるいは生物の消化器官に生息しており、他の微生物が有機物を分解することで発生する水素に依存して活動している。たとえば、海底堆積物中に含まれる有機物は嫌気性細菌によって二酸化炭素と水素に分解されるが、メタン菌はその二酸化炭素と水素を使ってメタンを生成している。ただし、メタン菌が活動している堆積物のすぐ上にはメタン酸化菌が活動しており、海水中に豊富に含まれる酸素または硫酸イオンを酸化剤として使って、メタンを酸化することによってエネルギーを獲得している。メタン酸化菌の活動によって、現在では生成されたメタンの大部分は酸化されてしまっている。

しかし、環境中に酸素が存在しない条件下では、現在とはずいぶん状況が違っていたはずである。大気中の酸素濃度が低い条件では、海水中の硫酸イオン濃度は非常に低かったと考えられている。というのは、硫酸イオンの供給源は陸上に存在する黄鉄鉱（鉄と硫黄からなる鉱物）の酸化的風化によるものだからである。酸化的風化というのは、文字通り、酸素による物質の酸化をともなうような風化作用のことである。黄鉄鉱は、酸素存在下では酸素によって酸化され、河川を通じて硫酸イオンが海洋に供給される。しかし、貧酸素環境下では、黄鉄鉱は酸化分解されないので、海洋に硫酸イオンが供給されない。したがって、大気中に酸素がなければ、海水中の硫酸イオン濃度も非常に低いはずだというわけだ。

このような、酸素も硫酸イオンもない環境においては、メタン菌が生成したメタンは、ほとんど酸化されない。それどころか、メタン菌自身もいたるところで活動できた可能性がある。現在は、海底堆積物中に追いやられているが、大気中の酸素濃度が高くなる以前は、その活動領域は海水中にまで広がっていた可能性が高い。生成された大量のメタンは大気に放出されていたはずで、大気中のメタンの濃度は増加し、その温室効果によって地表温度が上昇していた可能性が考えられるのだ。

じつのところ、現代においても、家畜や水田からメタン菌起源のメタンが大量に発生しており、これが大気中のメタン濃度を増加させ、地球温暖化の原因のひとつになっている。

メタンの役割

米国ペンシルベニア州立大学のジェームス・キャスティングらによれば、大気中に酸素がほとんど含まれていなかった約二二億年前より以前のメタン放出量は現在の一〇倍以上だった可能性があり、その結果として大気中のメタン濃度も一〇〇〇ｐｐｍ程度あった可能性があるという（ちなみに、現在のメタン濃度は一・八ｐｐｍ程度）。もちろん、

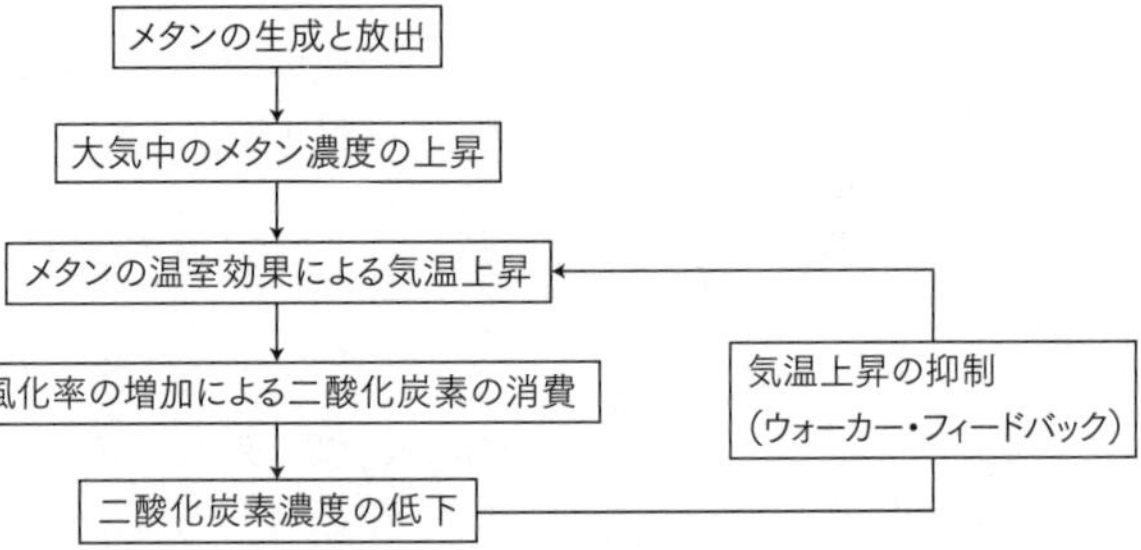

図3-4　メタン濃度の増加と二酸化炭素濃度の低下の関係

前述のとおり、大気中のメタンは水蒸気の光分解によって発生したOHラジカルによって酸化されてしまうのだが、それでも発生量が大きければ、平衡状態としての大気中濃度も高くなるのだ。しかも、メタンは強力な温室効果気体であるため、一〇〇ppmもあれば、たとえ二酸化炭素がまったくなくても、当時の地球を温暖な環境にすることができる。このことは、当時の大気中には二酸化炭素濃度が低くても、十分な温室効果をもたらすほどのメタンが大気中に存在していた可能性を示唆する。

　ということは、これまで説明してきたウォーカー・フィードバックの話はウソだったのか、というふうに思われるかもしれないが、じつはそうではない。もし本当に二酸化炭素濃度が低かったのだとしたら、それはウォーカー・フィードバックが機能した結果なのである。それはいったいどういうことなのか。

　大気へのメタンの放出量が大きく、大気中のメタン濃度が増加したと考えてみよう。メタンの温室効果によって地球の平均温度が上昇する。すると、風化作用が促進され、大気中の二酸化炭素の消費量が増大し、二酸化炭素濃度は低下する。すなわち、ウォーカー・フィードバックが働いて大気中の二酸化炭素濃度を低くすることによって、地球システムは平均温度が上昇しないように応答するのである（図3－4）。

したがって、炭素循環がもつ負のフィードバック作用は、たとえこのような状況が発生したとしても、地球環境の安定化に貢献してきたことは間違いないのだ。

第４章　生命の誕生と酸素の増加

一　光合成生物の誕生

地球大気の特徴は、二酸化炭素が主成分ではないことと、酸素が主成分であることだといえる。そこで次に、酸素がいつどうやって地球大気の主成分となったのかについて考えてみよう。

惑星の表層環境において酸素分子は熱力学的に不安定であり、鉄などを含む地表鉱物や還元的な組成をもつ火山ガスの酸化に使われ、失われてしまう。それにもかかわらず、酸素が現在の地球大気の約二一パーセントを占めているのは、消費されるそばから新たに生産されているからにほかならない。酸素を生産しているのは、生物である。

酸素発生型光合成生物

生物は光合成によって、二酸化炭素と水と光を使って有機物を生合成し、その副産物として酸素を放出している。この反応は「酸素発生型光合成」と呼ばれる。じつは、光合成には酸素を発生しないタイプもあり、生物進化的には、最初に酸素非発生型光合成生物が誕生し、後に酸素発生型光合成生物に進化したのだと考えられる。

酸素発生型光合成は大きくふたつのプロセスから構成される。光エネルギーを化学エネルギーに変換する光化学反応（明反応）と光化学反応でつくられた物質を使って、二酸化炭素と水から有機物をつくる反応（暗反応）である。後者の反応を担っているのがカルビン回路もしくはカルビン・ベンソン回路と呼ばれるもので、ほぼすべての光合成生物（緑色植物や光合成細菌）がこの回路を用いている（図4－1）。

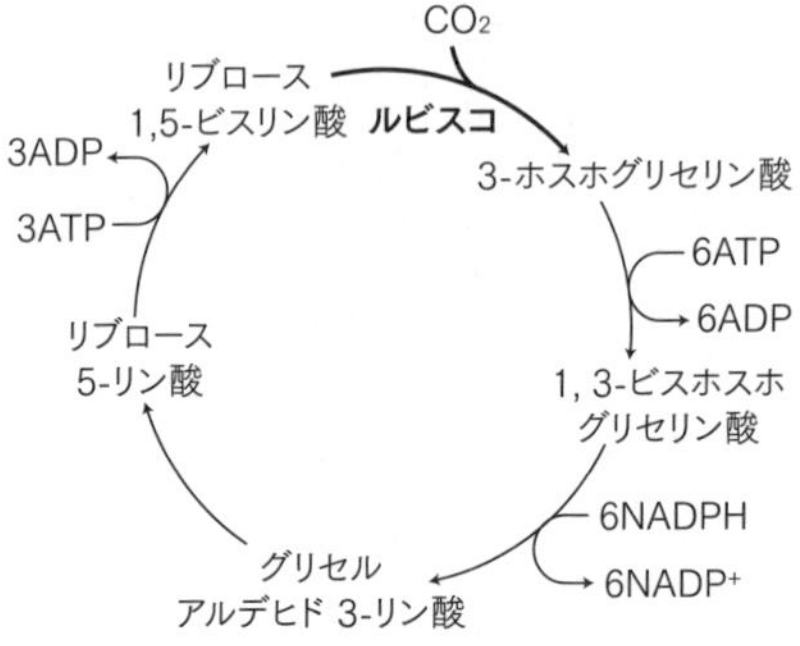

図4－1　カルビン・ベンソン回路

カルビン・ベンソン回路においては、「リブロース1、5－ビスリン酸カルボキシラーゼ」と呼ばれる酵素（つまりタンパク質）が炭酸固定反応を担っている。この酵素は、略して「ルビスコ」とも呼ばれ、植物に大量に含まれている。地球上でもっとも多いタンパク質らしい。この酵素反応においては、前述のように、細胞に取り込まれた炭素一二と炭素一三のうち、軽い炭素一二を優先的に固定する性質（炭素同位体の分別効果）が知られている。このような特徴は、約三八億年前の西グリーンランドのイスアやアキリア島に露出する最古の堆積岩中から得られた有機物にもみられるとする報告がある。少なくともそれより新しい時代の有機物には、このような特徴は普遍的にみられることが知られている。したがって、カルビン・ベンソン回路は非常に古い代謝経路であると考えられる。

一方、光化学反応は、光エネルギーを吸収し、色素分子を励起して物質の酸化還元に用いる反応である。酸素発生型光合成では光化学系ⅠとⅡという二つのシステムが関与し、水を電子供与体（電子を放出する物質）として用いることで酸素を発生する。しかし、光化学系ⅠとⅡは独立に成立したシステムだと考えられている。というのは、それぞれ一方の光化学系しかもたない生物が存在するのである。たとえば、緑色硫黄細菌は光化学系Ⅰ、紅色光合成細菌は光化学系Ⅱしかもっていない。これらの光合成細菌は、光合成反応は行うものの、酸素は発生しないのである。

おそらく、光合成自体は生命が誕生して間もないころに確立されたが、光化学系ⅠとⅡとが連携し、水を分解して酸素を発生できるようになるまでには、かなり時間がかかったようだ。遺伝子の水平伝達（異なる生物種間での遺伝子のやり取り）によって、光化学系ⅠとⅡをはじめて一緒に備えた生物は、シアノバクテリア（ラン藻とも呼ばれる）であった。

生物の化石か否か

シアノバクテリアの出現がいつだったのかは、いまなお議論の的である。西オーストラリアの約三五億年前の地層からフィラメント状の微化石が発見され、シアノバクテリアのものであると考えられていた。これは高等学校の地学の教科書にまで載っていたほどで、多くの人びとがそのように信じていた。ところが、二〇〇二年、『ネイチャー』にその事実を覆す論文が掲載された。問題の微化石は、玄武岩の中にはさまれている石英脈の内部から発見されたものであることが明らかにされたのだ。地質学を知っている人が聞いたら、これはとんでもない事実である。これは明らかに、深海底の環境であることを意味しているからだ。玄武岩は海洋地殻を構成する岩石で、石英脈は熱水の通り道に沿って海洋地殻内部に形成されたものだ。光合成を行うからには、その生物が生息する環境は太陽の光が届く浅い海でなければならないのに、そのような環境ではまったくないのだ。『ネイチャー』の論文では、このバクテリアのような構造は無機的につくられたものであって、生物化石ですらないと主張された。しかし、これがもし生物化石なのだとしたら、深海底の海底熱水系に生息する超好熱菌のような生物ではないかと思われる。

そもそも、生物が硬い骨格をもつようになったのは、顕生代のカンブリア紀に入ってから、すなわちいまから五億四二〇〇万年前以降のことである。それ以前における生物化石は、非常に限られている。生物の体は有機物でできているので、そのほとんどは生物の死後、酸化分解されてしまうからだ。生きていたときの形態がそのまま保存されるということはきわめて例外的なことなのである。ただし、仮に運よくそのような化石が発見できたとしても、なにをもってそれを生物の化石であると認定するのかは大変難しい。

このような問題が深刻に認識されるようになったのは、一九九六年、火星隕石中にバクテリアの化石が発見されてからである。これが本物の生物化石だとしたら、火星にも生物が存在したことになり、まさに世紀の大発見だということになる。実際、この発見によって、「アストロバイオロジー」と呼ばれる新しい研究分野が米国航空宇宙局（NASA）の肝煎りで創設され、生命の起源と進化や宇宙におけるその分布などに関する研究が積極的に推進されるようになった。

しかし、火星隕石から発見されたフィラメント状の物質が果たして本当にバクテリアなのか、それとも無機的に形成された構造なのか、決定的な議論はまだない。というのは、どんな条件が満たされればそれが生物の化石だと認定できるかに関する「明確な基準」がないからだ。じつは、西オーストラリアで発見された三五億年前のフィラメント状の構造が生物化石なのかどうかという問題も、これとまったく同じなのだ。すなわち、地球上の生物に似た化石の真偽を判定する場合にも、生物と形態が似ているというだけではない、もっと決定的な基準が必要なのだ。炭素同位体比などいくつかの指標が挙げられてはいるものの、別の解釈が可能である場合があり、決定的な基準はまだ確立していないのである。そのようなわけで、ほかにも非常に古い時代の地層から生物の化石と考えられるものはいろいろ見つかっているものの、この難題はいまだ完全には解決してはいない。

シアノバクテリアはいつ出現したか

さて、シアノバクテリアは、「ストロマトライト」と呼ばれるドーム状の構造を形成することが知られている（図4-2）。現在のストロマトライトは、現在の地球でいえば、サンゴ礁のようなものである。現在でも、オーストラリアのハメリンプールなどで現世のストロマトライトをみることができる。しかし、ストロマトライト構造は太古代の地層中にも知られており、それがシアノバクテリアによるものであるのかどうか議論の対象となっている。

シアノバクテリアが特異的につくる有機化合物が地層から抽出されれば、その時代にシアノバクテリアが存在したことが示唆される。そのような有機化合物は、「バイオマーカー」と呼ばれている。たいていの場合、バイオマーカーは後の時代に受けた温度上昇などによって変質してしまい原型をとどめていない。ところが、一九九九年、約二七億年前の地層からシアノバクテリアのバイオマーカーが検出されたという報告が、米国の科学誌『サイエンス』に掲載された。もしこれが本当であれば、少なくとも二七億年前までにはシアノバクテリアが出現していたことになる。

この論文は大変に物議を醸したが、二〇〇八年になって、この報告は間違いだという論文が、『ネイチャー』に掲載された。これらのバイオマーカーは、二二億年前よりも後の時代の有機化合物が混入したものであることが明らかになったのである。したがって、シアノバクテリアがいつ出現したのかという問題は、また白紙の状態に戻ってしまった。少し前までは、シアノバクテリアの出現は約三五億年前だということが高校の教科書にまで載っていたのに、現在ではよくわからないということになってしまったのである。

図4-2　ストロマトライト
南アフリカ共和国にみられる約27億年前の巨大ストロマトライト。

いずれにせよ、酸素発生型の光合成生物がいつ出現したのかという問題は、地球表層にいつから酸素が放出されはじめたのかということと密接に関係していることから、きわめて重要な問題であることは間違いないといえる。

二　酸素濃度の変遷

それでは、大気中の酸素濃度がいつどのように増えてきたのかという問題について考えてみたい。これは前述のように、シアノバクテリアがいつ誕生したのか、という問題と密接に関係する。まず、大気や海水中に酸素がどのように増加していくのかという問題を整理してみよう。

ステージⅠ――貧酸素状態

シアノバクテリアが誕生する以前の地球においては、光合成による酸素の供給がないので、大気中にも海水中にも酸素はほとんど存在しなかったはずである。それでは、大気中には酸素分子がまったく存在しなかったのかといえば、そういうわけでもない。というのは、大気上空での光化学反応によって、水蒸気が分解して若干の酸素分子が生成されるからだ。若干というのがどのくらいかといえば、だいたい一〇のマイナス一三乗くらいである。つまり、大気の一〇兆分の一くらいの割合、ということだ。これはほと

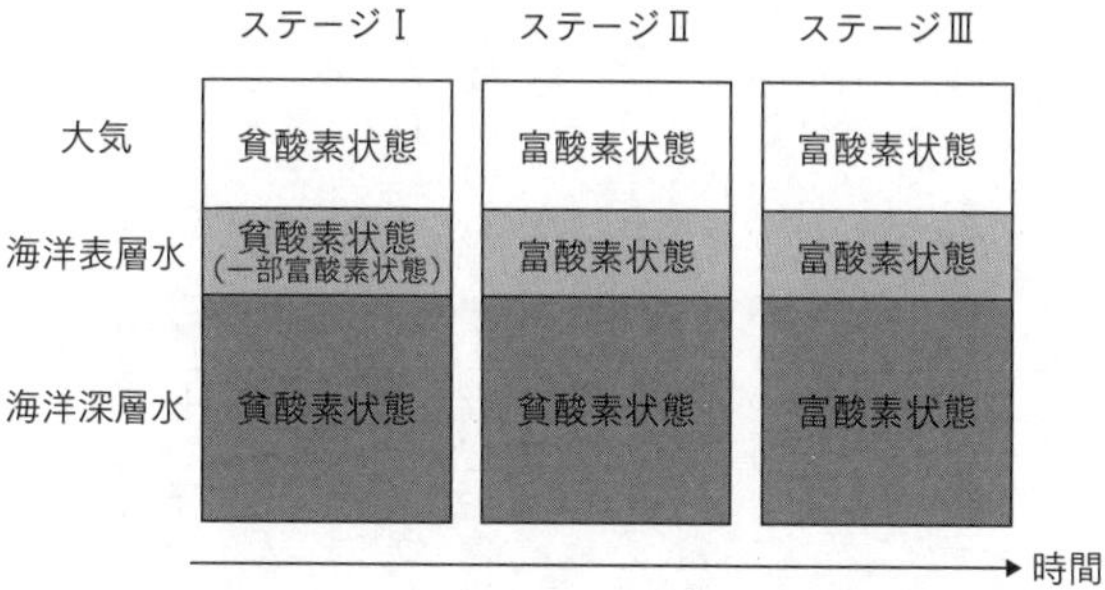

図4－3　地球史を通じた酸素の変遷

んどゼロだといえなくもない。このような段階をここではステージⅠと呼ぶことにする（図4－3）。

このような環境下では、還元的な鉱物が地表において安定に存在できる。たとえば、黄鉄鉱のような還元的な鉱物は、現在の地表では安定に存在できず、酸化的風化作用を受けて分解されてしまう。しかし、古い時代には河川によって運ばれて堆積したと考えられる堆積性の黄鉄鉱鉱床が見つかることがある。そのようなものは現在の環境では絶対に形成されないので、大気中の酸素濃度が低かった証拠とされる。そのような堆積性の黄鉄鉱鉱床は、もっとも新しいもので、二四・五億年前のものが知られている。

光合成を行う生物は、太陽からの光が届く水深約一〇〇メートルより浅い海洋表層で活動している。光合成生物が誕生すると、それらが活動している付近の海水中に発生した酸素が溶けていた可能性がある。酸素分子は、それまでの地球上にはほとんど存在しなかったが、それが局所的に存在するような環境が形成されるようになるわけである。

ステージⅡ——一部貧酸素状態

ところが、それまで嫌気的な環境下で生きてきた生物にとって、酸素は有害物質であった。というのは、そもそも生物の体は還元的な有機化合物でできているので、酸素によって酸化分解されてしまうからである。したがって、環境中に酸素が増えていくことになれば、生物はそのような好気的な環境下で生きていくことができる能力を獲得する必要がある。それは、生物の細胞内で酸素からつくられる「活性酸素」を分解する酵素の発現である。好気的な環境で生きていくことができるようになった後、生物はさらに酸素を利用して大きなエネルギーを獲得する好気的呼吸（酸素呼吸）を行うようになった。このように、環境中の酸素濃度が増加するという出来事は、生物の進化とも密接に関係しているわけである。

やがて、海洋表層で生産された酸素は大気中に漏れ出てくるようになる。海洋の最上部は大気とよくかき混ぜられている。したがって、海洋表層水中の酸素濃度の増加は、大気中の酸素濃度の増加と基本的には同時に起こるはずである。

ところが、海洋の表層水は深層水とはなかなか混ざりにくい。これは、海洋内部の混合速度が大変遅いことによるものである。現在の海洋は、北大西洋のグリーンランド沖で塩分に富んだ海水が冷やされて沈降し、大西洋を南下して南アフリカ沖からインド洋を経由して太平洋に流れ込み、最後に北太平洋まで到達するのに二〇〇〇年ほどかかっている。つまり、海洋全体の混合には数千年程度の時間スケールを要するのだ。

というわけで、大気と海洋表層水には酸素が蓄積しているのに、海洋深層水には酸素がほとんど溶けていない、というような遷移的な状況が発生することが考えられる。これがステージIIである（図4－3）。

このような条件下では、海洋深層水には還元的な鉄イオンが溶存することができる。鉄イオンは価数が二価の場合には水に溶ける性質があるからだ。ところが、そのような深層水が表層に湧昇してくると、酸素を含むような環境にさらされることになる。すると、鉄イオンは酸素と結びついて酸化されて沈殿してしまう。

二五億〜二〇億年前には酸化鉄が大量に沈殿したことが知られている。この酸化鉄は、よく観察してみると鉄とシリカが交互に堆積しており、縞状に見えることから「縞状鉄鉱床」と呼ばれている。なぜシリカの層があいだに挟まっているのかについてはまだよくわかっていない。シアノバクテリアが繁殖する季節とそれ以外の季節の繰り返しが原因ではないかという考え方もあるが、本当にそうなのかどうかはわからない。しかしいずれにしても、こうしたものがつくられるためには、まさにこのステージIIのような環境条件が必要だったのではないかと考えられている。膨大な量の鉄を沈殿させるためには、膨大な量の鉄の供給が必要であり、そのためには鉄の蓄積場所が必要である。酸素が溶け込んでいない深層水は絶好の環境なのだ。

ステージⅢ――富酸素状態

やがて大気や海水中に大量の酸素が蓄積するようになり、現在のような酸素に富む環境が形成される。これをステージⅢとする。

このような環境では、もはや堆積性の黄鉄鉱鉱床も、縞状鉄鉱床も、基本的には形成されない。逆に、酸素を含む大気環境下での酸化的風化作用により、地表鉱物に含まれる鉄は酸化され、その場で水酸化鉄もしくは酸化鉄として沈殿する。その結果、赤っぽい色をした土壌が形成される。このような「赤色土壌」は、約二二億年前以降になってはじめて出現する。

このように考えてみると、それぞれのステージで予想される地質学的証拠と結びつけることで、三つのステージ間が移り変わるタイミングを制約することができるはずである。その結果、ステージⅡは期間が短く、ステージⅠからステージⅢへの移り変わりは、およそ二四・五億～二二億年前くらいであろうと考えられている。

ただし、縞状鉄鉱床は三八億年前から形成されており、本当に大気中の酸素と結びついて形成されたものなのかどうか疑問もある。じつのところ、縞状鉄鉱床は太陽紫外線と海水の反応や鉄酸化バクテリアのはたらきによって形成された可能性も指摘されているのだ。したがって、少なくとも二四・五億年前以前に形成されたものは、酸素濃度の増加と直接関係していたわけではない可能性がある。

いずれにせよ、二四・五億～二二億年前に生じた出来事は、地球表層の酸化還元環境を大きく変えた地球史における一大事件であったといえる。それまで繁栄していた嫌気的生物は酸素に枯渇する海底堆積物などの場所に追いやられ、代わりに好気的生物が出現して繁栄することになる。

ちょうどこの時期よりも少し後の、約一九億年前の地層から、「グリパニア・スピラリス」と名付けられた最古の真核生物の化石が発見されている。真核生物は、真正細菌や古細菌とは異なり、膜で覆われた細胞内に核をもつという特徴がある。とくに、細胞内にミトコンドリアをもち、酸素呼吸を行うということが重要だ。環境中に酸素が存在する必要があるからだ。それは最低でも現在の一〇〇分の一以上のレベルで、そのレベルをパスツール・ポイントという。つまり、二〇億年前ごろまでには、酸素濃度が、少なくとも現在の一〇〇分の一以上になっていた、と考えられるわけである。

三　酸素の急激な増加

酸素濃度の増加史の理解は、最近著しい進展がみられた。以下では、酸素濃度の増加史に関する二つの新しい知見について紹介しよう。

大酸化イベント

まず、炭素同位体比の異常の発見である。光合成生物は、光合成の際に軽い炭素一二を優先的に取り込む、ということを述べた。これによる同位体比の変化を炭素同位体の分別効果というのであった。有機物が堆積物として大量に保存されると、正味で大量の酸素が放出されると同時に、大気や海水から軽い炭素一二が大量に取り除かれるため、海水中の炭素一二に対する炭素一三の比が増加する。これが、炭素同位体比の「正異常」と呼ばれる挙動である。

もし約二二億年前に大気中の酸素濃度が急激に増加したのだとすると、地層には炭素同位体比の正異常が記録されているはずである。一九九六年、そのような、ほかの時代にはみられないほど大規模な炭素同位体比の正異常が、二二億二〇〇〇万～二〇億六〇〇〇万年前の地層から発見された。その正異常から見積もられる酸素の生産量は、現在の大気中の酸素量の、なんと一二〜二二倍にも相当する。すなわち、このときまさに、大気中の酸素濃度の急増が生じたのだろうと考えられるのだ。この時代に生じた酸素濃度の増加現象は「大酸化イベント」と呼ばれている。

その後、世界各地の同時代の地層が調べられ、当初はひとつの大きな正異常と考えられていたものが、実際には正異常が何回も繰り返されていた可能性が示唆されている。酸素濃度の増加は実際にはどのようなものであったのだろうか。酸素濃度は徐々に増加したのではなく、突然急激に増加したのかもしれないし、この時期に何回かのイベントによって段階的に増加したのかもしれない。あるいは増えたり減ったりしながら全体的に増加したのかもしれない。いろいろな可能性が考えられる。炭素同位体比の挙動をくわしく調べることによって、近い将来酸素濃度の増加史に関する有力な手がかりを得られることが期待される。

硫黄同位体比の異常

大気中の酸素濃度増加に関するもうひとつの新しい知見は、硫黄同位体比の異常が発見されたことである。硫黄も炭素と同様にさまざまなプロセスを通じて同位体比を変えるが、その変化は、同位体の質量に依存している。一般に、同位体は化学的性質には違いがなく、質量数のみが異なる。重さの違いのために物理的な挙動に違いが生じる。つまり、軽いものは動きやすく、重いものは動きにくいということだ。質量の違いによる同位体比の変化は、同位体の「質量に依存する分別効果」であり、ごくふつうの現象である。ところが、硫黄同位体の「質量に依存しない分別効果」が、二四・五億年前以前の堆積岩から発見されたという報告が、二〇〇〇年に『サイエンス』に掲載されたのである。そのようなシグナルは、二四・五億年前以降の堆積岩では小さく、二〇・九億年前以降ではまったくみられないこともわかってきた。

　硫黄同位体の質量に依存しない分別効果が生じる原因は、まだよくわかっていない。しかし、おそらくは太陽紫外線による大気上層での光化学反応に起因するのではないかと考えられている。室内実験によって、そうした挙動が生じることが確認されているからだ。ただし、くわしいメカニズムはまだよくわかっていない。

　ある理論的な推定によれば、同位体の質量に依存しない分別効果を受けた硫黄化合物は、酸素濃度が現在の一〇万分の一以上のレベルでは、地質記録に残らなくなるらしい。堆積岩の記録から、それは約二四・五億年前のことであるということになる。大気上空で生じた硫黄同位体の質量に依存しない分別効果が、海底堆積物に保存されるまでのあいだにいったいなにが生じるのかは、必ずしもよくわからない。その意味では、このシグナルが本当に意味することの理解は難しい。

　しかしながら、このようなシグナルが生じるプロセスが大気上空で生じる光化学反応だとすれば、これはほかの地質記録とは本質的に異なるものである。というのは、これまで議論されているほかのシグナル、すなわち前述の堆積性の黄鉄鉱鉱床や縞状鉄鉱床、赤色土層などは、多かれ少なかれ、それらがつくられたローカルな環境を反映しているのではないかという疑いがもたれるのに対し、硫黄同位体の質量に依存しない分別効果が大気中のプロセスに起因したシグナルだということになれば、それはまさにグローバルな環境を反映していることになるからだ。

酸素濃度はなぜ増加したのか

このように、さまざまな地質学的証拠から、大気中の酸素濃度の急激な増加が二四・五億〜二〇・六億年前に生じたものと考えられている（図4－4）。ただし、それが一方的な増加だったのか、それとも増えたり減ったりしながらの増加だったのかは、まだよくわかっていない。

それでは、そもそも酸素濃度はなぜ地球史半ばのこの時期に急激に増加したのだろうか？　これは大きな謎である。もっとも単純明快な説明は、酸素発生型光合成を行うシアノバクテリアがこの時期に誕生したから、というものであろう。シアノバクテリアの誕生以前には酸素が生産されていなかったので大気中の酸素濃度は低く、シアノバクテリアの誕生後は大量の酸素が生産されるようになったため大気中の酸素濃度が急増した、

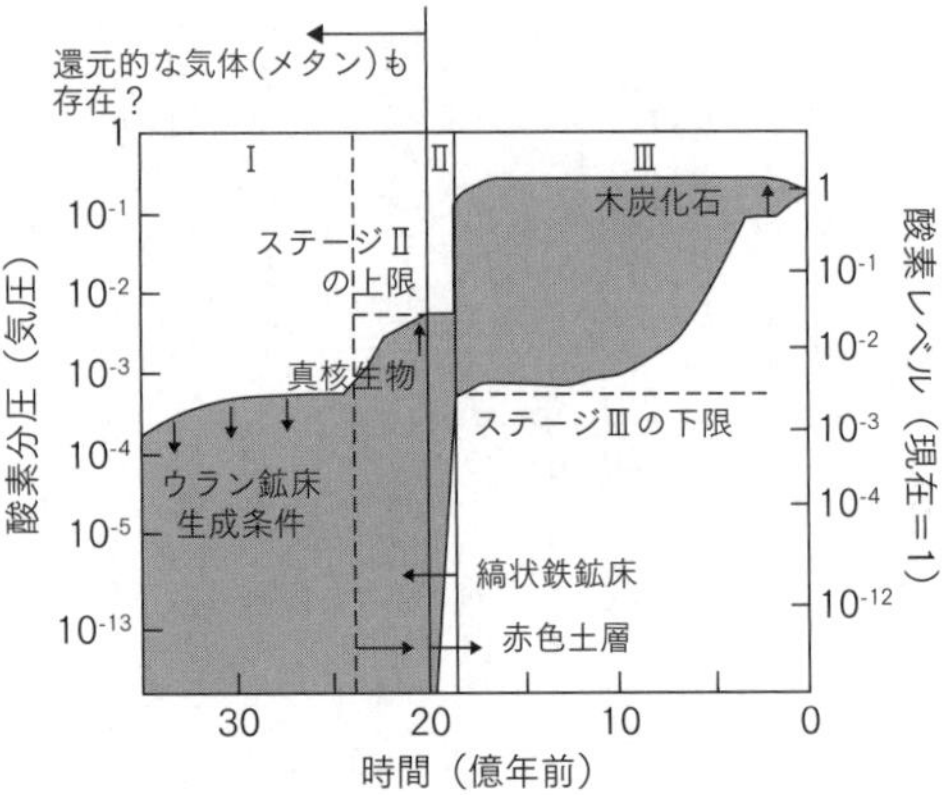

図4-4　地球史を通じた酸素レベルの変遷
地質学的証拠に基づく推定（灰色の領域は推定の上限と下限）。
Kasting（1993）に基づく。

というものだ。

その可能性は確かにある。これまではシアノバクテリアの出現はもっと古い時代だと考えられてきたが、前述のようにその証拠は否定されているからだ。しかし、二四・五億年前を境に硫黄同位体比の質量に依存しない分別効果がみられなくなることから、シアノバクテリアの誕生はそのころだったか、それ以前だった可能性が高い。その場合、酸素はそれ以前から継続的に生産されていたが、なぜか大気中に蓄積するのに時間を要した、ということになる。その理由はいったいなんだろうか。

ひとつの考え方は、大気や海水中には還元的な物質がたくさん供給されていたため、酸素の生産量がそれを上回らない限りは大気中に蓄積されない、というものだ。これはあり得ない話ではない。地球誕生直後の初期大気は還元的な組成であった、という話を第2章で述べた。これは、マグマ中に金属鉄が含まれていたため、それと熱力学的に平衡となるガス成分の組成は必ず還元的になるからだ。ということは、地球内部から脱ガスしてくるガス成分も、かなり還元的な組成（たとえば、水素などがたくさん含まれているもの）であったと考えられる。

ところが、現在の地球内部は、予想されるほど還元的な状態ではないことが知られている。つまり、地球の進化とともに地球内部は徐々に酸化されてきたらしいのである。それは、マグマから水蒸気が脱ガスする際、一部は鉄の酸化に使われ、生成した水素が脱ガスすると考えられるからだ。水素は軽いので宇宙空間に散逸する。このようなプロセスによって、地球全体が時間とともに一方的に酸化していく、というわけだ。

すると、地球内部から脱ガスしてくるガス成分は、時間とともにだんだん酸化的な組成になってくるはずである。だとすれば、地球史のどこかの時点において、酸素の発生量が還元的なガス成分の脱ガス量を上回るときがくるはずだ。それがちょうど二二億年前ごろだったという可能性は十分考えられる。だとすると、大気中に酸素が蓄積したのは、地球全体の進化にともなう必然的な結果であるとも考えられる。

酸素濃度の謎

大気中の酸素濃度は約二二億年前に急激に増加した後、しばらくのあいだは現在よりは低いレベルにとどまっていたようである。それが、いまから六億年くらい前にまた急激な増加をして、現在と同じようなレベルに達したのではないかと考えられている。酸素濃度は段階的に増加した、ということである。じつは、ちょうどこれらの時期には全球凍結イベントが起こったことが知られている。全球凍結は、原生代前期の二二億年前ごろと原生代後期の七億〜六億年前に生じているのだ。したがって、まったく別の仮説としては、全球凍結イベントが酸素濃度の増加を引き起こしたのではないか、という可能性もある。そう考えると、ちょうどこれらの時期に酸素濃度が増加したことと調和的である。これについては、第6章でまた触れることにする。

ただし、酸素の問題についてはまだまだわからないことが多い。そもそも、大気中の酸素濃度がどのようにして決まっているのか、そのメカニズムがいまだにわかっていないのである。そのため、たとえば、現在なぜ酸素が大気の二一パーセントを占めているのか、ということすらよくわからないのだ。

たまたまそのような濃度になっている、というのは答えになっていない。現在の大気中の二酸化炭素濃度に必然性があるように、酸素濃度にも必然性があるはずだ。それに、酸素の生産量は非常に大きく、現在の大気中の存在量を生産するのに数百万年程度しかかからない、つまり、地質学的時間スケールでみれば、酸素濃度は短期間で大きく変動し得るのである。それなのにどうして大気中の酸素は現在の濃度で比較的安定しているようにみえるのだろうか。酸素濃度の安定化メカニズムはいったいどのようなものなのかを解明する必要がある。

宇宙から地球を観測したとき、大気の主成分が酸素であることは、地球に生命が存在する証拠である。太陽系外の惑星系に第二の地球を探す計画が進行しているが、そこに生命活動があるかどうかも、まさにその惑星の大気を観測することによって判断される。もし惑星大気中に酸素が含まれていたとしたら、その惑星に生命が存在する決定的証拠となるのだ。ところが、私たちは、地球大気中の酸素濃度がどのように決まっているのかすら、まだよく理解できていないというわけである。これは今後に残された大きな課題である。

第5章　気候の劇的変動史

一　気候変動の鍵を握る二酸化炭素

地球史は気候変動の歴史でもある。温暖化や寒冷化は頻繁に生じており、まったく同じ気候状態が維持されるということはない。地球環境は変動することが本質だといっても過言ではないのだ。私たちは、過去の地球環境変動史からなにを学ぶことができるのだろうか？

なぜ二酸化炭素濃度は増減するのか

大気中の二酸化炭素濃度は、地球史を通じて低下してきたということを第3章で述べた。これは、太陽が時間とともに明るくなってくる影響を相殺するように炭素循環システムが応答した結果であった。すなわち、ウォーカー・フィードバックによって、地表温度を安定に保つように二酸化炭素濃度が調節されているのであった。そのことと、気

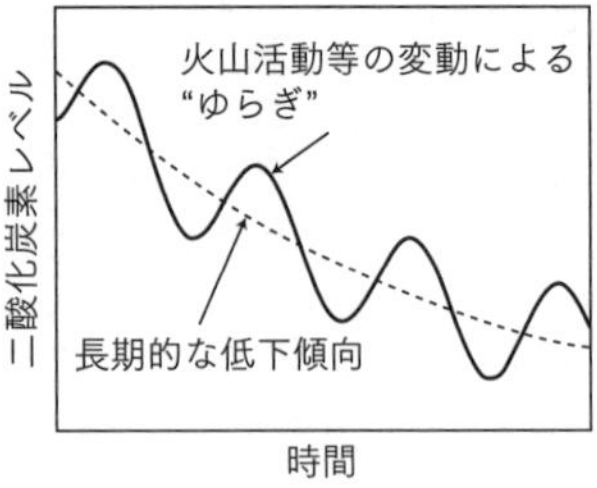

図５－１　地球史を通じた二酸化炭素レベルの低下
増加と減少を繰り返しながらも全体的には低下してきた。

候が常に変動しているということとは、どのような関係にあるのだろうか。

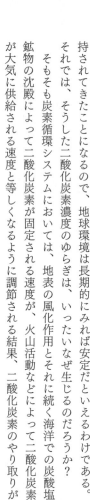

この問題は、次のように考えてみてはどうだろうか。すなわち、二酸化炭素濃度は時間とともに低下してきたが、必ずしも直線的に低下してきたわけではなく、ふらふらと増えたり減ったりしながら、長い時間スケールでみると全体的に低下してきた（図５－１）。すると、本来期待されるよりも実際の二酸化炭素濃度が高い時期は「温暖期」、低い時期は「寒冷期」ということになる。私たちは、そうした二酸化炭素濃度のゆらぎを長期的な気候変動として認識しているのではないか。一方で、さらに長い時間スケールで平均してみると、二酸化炭素濃度の長期的な低下によっておおむね温暖な環境が維持されてきたことになるので、地球環境は長期的にみれば安定だといえるわけである。それでは、そうした二酸化炭素濃度のゆらぎは、いったいなぜ生じるのだろうか？

そもそも炭素循環システムにおいては、地表の風化作用とそれに続く海洋での炭酸塩鉱物の沈殿によって二酸化炭素が固定される速度が、火山活動などによって二酸化炭素が大気に供給される速度と等しくなるように調節される結果、二酸化炭素のやり取りがつり合った状態が実現される。それが炭素循環システムの「平衡状態」である。

それでは、たとえば地球全体の火山活動が激しくなって、二酸化炭素の供給速度が増加したらどうなるだろうか？　二酸化炭素の消費速度よりも供給速度が上回るので、大気中には二酸化炭素が蓄積していき、気候は温暖化して風化作用が促進される。その結果、やがて二酸化炭素の消費が供給とつり合って、平衡状態が達成される。このとき実現されるのは、「温暖な気候状態」である。

逆に、地球全体の火山活動が停滞して、二酸化炭素の供給速度が著しく低下したらどうなるだろうか？　風化作用で二酸化炭素はどんどん消費されていくため、大気中の二酸化炭素濃度は低下し、気候は寒冷化する。すると、風化作用が進みにくくなるため、やがて二酸化炭素の供給と消費とがつり合うようになって、平衡状態が達成される。このとき実現されるのは「寒冷な気候状態」である。

気候の安定と変動を支える同じ原理

このように、火山活動などによる二酸化炭素の供給速度が時代とともに変化することによって、気候変動が生じる可能性が考えられる。火山活動はその代表的な例であって、ほかにも炭素循環の「境界条件」が時間とともに変わるような現象が生じれば、気候はそれにともなって変動することになるはずである。たとえば、大陸配置や造山運動（高い山脈をつくるようなはたらき)、陸上の植生、生物活動などの変化だ。

つまり、炭素循環によるウォーカー・フィードバックが機能していても、火山活動などの境界条件が変化することによって、平衡状態そのものが変化するわけである。その結果、気候変動が生じる。これが、長期的な気候変動の原理ではないかと考えられる。

ウォーカー・フィードバックは、気候を一定に保つはたらきをしているわけではなく、気候の平衡状態を実現するような仕組みなのである。ただ、炭素循環を取り巻く条件がそれほど大きく変化しないような場合には、長期的に安定な地球環境を実現する役割を果たすことになるのだ。もしこのような仕組みがなければ、そもそも気候の平衡状態は存在せず、地球環境はきわめて不安定なものになってしまう。

このように、炭素循環とウォーカー・フィードバックの働きによって、地球環境は長期的には安定に保たれると同時に、一方では気候変動が生じることになる。両者は、一見矛盾するようだが、じつはどちらも同じ仕組みからもたらされる結果なのである。

そのようなひとつの例として、図5-2をみてみよう。この図は、顕生代を通じた大気中の二酸化炭素濃度の変動を推定したものである。顕生代は現在を含む過去約五億四二〇〇万年間の地質時代のことで、古生代(約五億四二〇〇万〜約二億五〇〇〇万年前)、中生代(約二億五〇〇〇万〜約六六〇〇万年前)、新生代(約六六〇〇万年前〜現在)に区分されている。

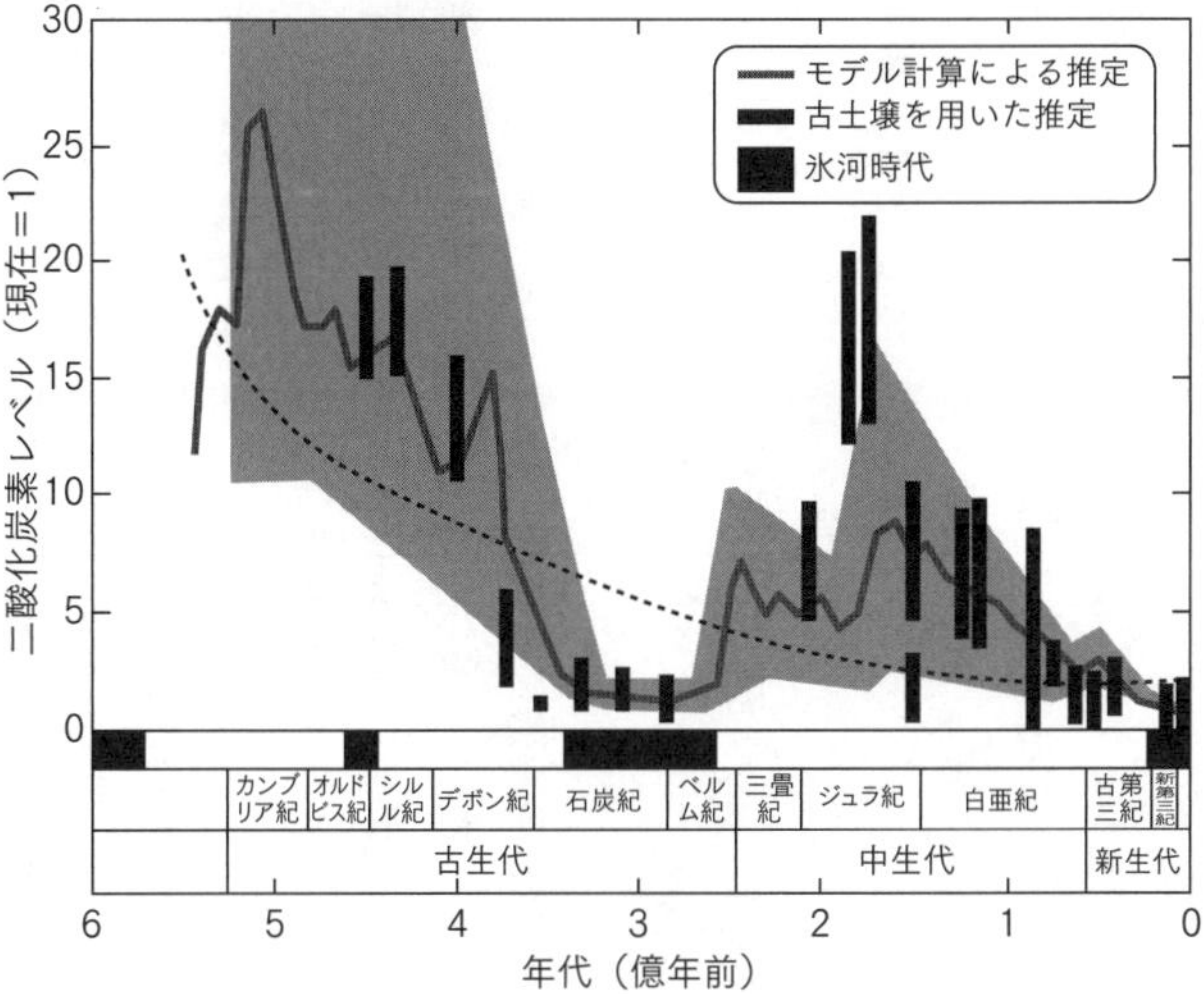

図5-2　顕生代を通じた二酸化炭素濃度の変動の推定

破線は長期的な二酸化炭素の低下傾向，実線は二酸化炭素濃度変動の推定結果，縦のバーは古土壌と呼ばれる昔の地層の分析による古二酸化炭素濃度の推定値。Berner and Kothavala (2001) に基づく。

この図によれば、古生代前半（約五億年前）においては、大気中の二酸化炭素濃度は現在の約二〇倍にも及んでいたが、古生代後半（約三億年前）になると現在とほとんど同じレベルにまで低下する。そして、二酸化炭素濃度は中生代に入ると現在の数倍から一〇倍程度にまで増加するが、新生代に向かってまた低下して現在に至る。

このような二酸化炭素濃度の変動（図5-2の実線）は、いま述べたように、長期的な二酸化炭素濃度の低下傾向（図5－2の点線）に重なった、より短い時間スケールのゆらぎのようにもみえる。顕生代を通じて二酸化炭素濃度は増加したり低下したりという変動を繰り返しながらも、大局的には低下してきた、と考えることができるわけである。

こうした大気中の二酸化炭素濃度の変化は気候変動と大局的にはよく相関していると考えられている。実際、さまざまな地質記録から、古生代の前半、中生代の前半と後半、新生代の前半は温暖期、古生代の後半や新生代の後半は寒冷期だとされているのである（図5－2）。とりわけ、二酸化炭素濃度の低下は氷河時代の到来をもたらす。そこで次に、氷河時代について考えてみたい。

二　繰り返す氷河時代

氷床の成長

地球史においては、温暖期と寒冷期とが繰り返されてきたことが知られている（図5－3）。ここでいう寒冷期とは「氷河時代」のことであり、大陸上に「大陸氷床」（または「大陸氷河」）が存在する時代のことである。大陸氷床（以下では単に氷床と記す）とは、高い山に形成される「山岳氷河」と区別されるもので、地形の起伏によらず広域的に形成される巨大な氷の塊のことだ。逆にいえば、ここでいう温暖期とは、極地方にも氷床が存在しないほど暖かい時代のことである。

私たちが暮らす日本においては、冬に降った雪は、たいていの場合、春になるといつの間にか融けてなくなってしまう。冬にどんなに雪が降ったとしても、積もった雪が夏を越すことはない、と思うだろう。

しかし、地球の軌道の関係で「涼しい夏」が毎年続くような時期が周期的にめぐってくることが知られている（第8章参照）。そのような時期には、とりわけ極地方において、冬に積もった雪が夏にも融け残り、また次の冬を迎える、ということになる。そうなると、一年前に降った雪の上に、さらに新しい雪が積もることになり、それがまた次の夏を越して、ということが繰り返され、やがて巨大な氷床へと成長する。実際には、最初は高い山の上に積もった雪がだんだんと成長・拡大していくことで氷床が形成されるらしい。

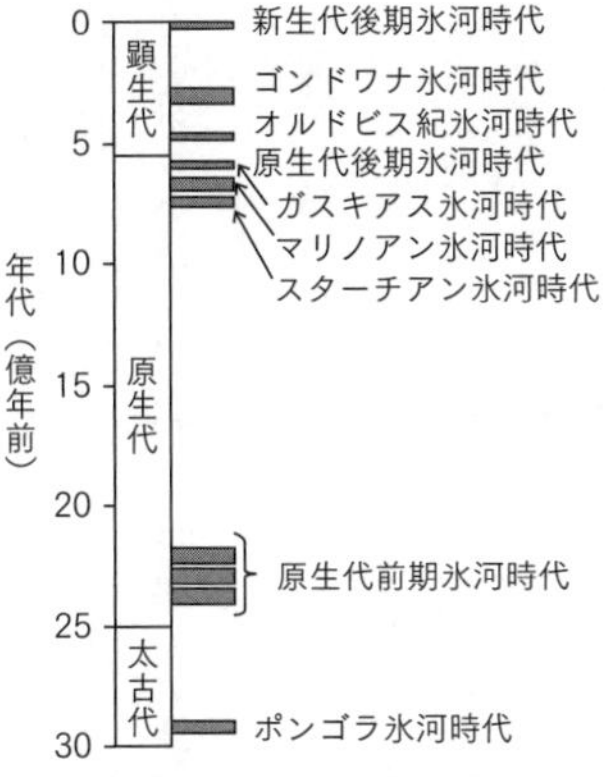

図5-3　地球史における氷河時代

氷床は成長すると高さが三〇〇〇メートルから四〇〇〇メートルにも達する。もはや巨大な山脈か高原というべきものだ。あまりに巨大であるがゆえに、その重さによって地盤も大きく沈降し、大気の流れにも影響を与え、周辺の地域の気候を大きく変える。とりわけその白い表面は、日射の大部分を反射し、地球全体をより寒冷な気候へと変える。

氷河時代特有の堆積物

ところで、氷はゆっくりとだが流動する性質がある。氷河というのは、まるで氷でできた大河のようにみえることからついた名称だ。氷床は氷の厚い中心部から薄い周辺部へと流動しているのである。氷床の先端部分は大陸縁辺の海岸線からさらに海へと押し出され、分離して沖合に流れ出ていく。それが「氷山」である。

氷床は氷の塊であるが、じつは大陸内部を流動してくる過程で、さまざまなサイズの「礫《れき》」(直径が二ミリメートル以上の岩片)を取り込んでいる。氷山がだんだん融けていくと、取り込まれていた礫が海底に落下する。すると、通常は泥などの細かい粒子が堆積している大陸から離れた沖合の海底に、突然、大きな礫が取り込まれることになり、大変不思議な地層を形成することになる。

その堆積物にたまたま縞模様がみられる場合、上から落下してきた礫の重みで、その縞模様がゆがむ。この礫は、横から転がってきたものではなく、上から落下してきたことが明らかである。そんなことはふつうならば起こるはずがないので、これは氷山が近くの陸から礫を運んできたものだ、と解釈できる。このような礫のことを、「ドロップストーン」と呼ぶ（図5－4）。ドロップストーンがあるということは、当時その場所の近くに大陸が存在し、その上には氷床が存在していたことを示唆する。したがって、ドロップストーンの存在は、その時期が氷河時代であった証拠になるわけだ。

図5－4　カナダ・オンタリオ州にみられる約22億年前のドロップストーン（氷河堆積物）

一方、氷床が流動することで、取り込まれた礫と大陸の基盤岩がこすれて直線上の傷がつく。こうした「擦痕《さっこん》」も、やはり氷床が存在した直接の証拠となる。

昔の地層からは、メートルサイズにもおよぶ巨大な礫から細かい泥や粘土までのいろいろなサイズの粒子で構成されている起源不明の堆積物がみつかることがある。そのような堆積物のことを「ダイアミクタイト」と呼ぶ。ダイアミクタイトをくわしく調べると、こうした氷河作用の証拠がみつかることがあり、その場合には氷河堆積物だと解釈される。こうした氷河性の堆積物がいつの時代にみられるのかをくわしく調べれば、過去の氷河時代の存在や氷河時代の始まりと終わりを知ることができる。

いまの地球も「氷河時代」

原生代（二五億～五億四二〇〇万年前）には、その前期と後期に、大規模な氷河時代が訪れたことが知られている（図5－3）。約二四億五〇〇〇万～二二億二二〇〇万年前の原生代前期氷河時代と約七億二〇〇〇万～六億三五〇〇万年前の原生代後期氷河時代である。これらの氷河時代の大きな特徴は、当時の赤道域に氷床が存在したという証拠が発見されていることである。そのため、当時の地球表面はほとんど完全に氷で覆われていたのではないかと考えられるようになってきた。これは「スノーボールアース仮説」と呼ばれている。これについては、第6章でくわしく紹介する。

その後、顕生代に入ると、約三億年前の古生代石炭紀後期に大氷河時代が訪れた（次節参照）。当時の二酸化炭素濃度は、現在と同じくらい低かったと推定されている（図5－2）。逆にいうと、現在の二酸化炭素濃度も、約三億年前と並んで顕生代における最低レベルだということになる。おそらく地球史的にみても最低レベルだといってよいだろう。じつのところ、南極やグリーンランドに氷床が存在するので、現在も氷河時代に分類されるのだ（図5－3）。現在は地球温暖化が生じていて暖かい時代だと思っているかもしれないが、地球史的にみれば、私たちはとても寒冷な時代に生きているのである（第8章参照）。

このように、地球史においては気候変動が常に生じており、氷河時代が繰り返し訪れてきたのである。

三　生物が巨大化した大氷河時代

陸上植物の登場

古生代（約五億四二〇〇万～約二億五〇〇〇万年前）は、カンブリア紀、オルドビス紀、シルル紀、デボン紀、石炭紀、ペルム紀に区分されている（図5－2）。

カンブリア紀は、原生代後期の大氷河時代が終わって温暖化した時期であり、「カンブリア爆発」が生じたことで知られている。カンブリア爆発とは、現在見られる動物門のほとんどすべてが突然出現したという、多細胞動物の爆発的な多様化のことである。

やがて生物は陸上に進出する。シルル紀の約四億二五〇〇万年前の地層から、最古の陸上植物の化石が発見されているのだ。さらに、オルドビス紀の約四億七五〇〇万年前の地層から胞子の化石が発見され、最古の陸上植物のものではないかと考えられた。しかし、この生物が水中に棲《す》む生物なのか陸上に棲む生物なのかは、胞子の化石からだけではなんともいえなかった。その後、同じ地層から胞子を含む植物片の化石がみつかった。このことから、最古の陸上植物は胞子をつくる植物であり、生物の陸上進出はオルドビス紀だった、と考えられるようになった。おそらく最古の陸上植物は、苔類のコケ植物に似た植物だったのではないかとされている。

ちなみに、それ以前の陸上には、なにも生物がいなかったのかというと、そういうわけではない。微生物や地衣類（藻類と菌類が共生した生物）などのコロニーが形成されていたのではないかと考えられており、また実際に生物が存在していたらしき証拠も発見されている。

大氷河時代の訪れ

陸上に進出した植物は、その後、「維管束」を発達させる。維管束とは、植物体において水や栄養分などの運搬を行い、同時に植物体を支える役割を担う器官である。その主成分はセルロースやリグニンと呼ばれる化合物で、陸上植物の大型化を可能とした。シルル紀からデボン紀にかけてシダ植物が繁栄したあと、古生代後期には種子によって繁殖する裸子植物が出現して大森林時代となった。

そして約三億三〇〇〇万年前ごろの石炭紀後期に大氷河時代が訪れる。古生代後期氷河時代（ゴンドワナ氷河時代）だ。前述のように、当時の大気中の二酸化炭素濃度は現在とほぼ同じレベルにまで低下していたことがわかっている（図5-2）。当時、「ゴン

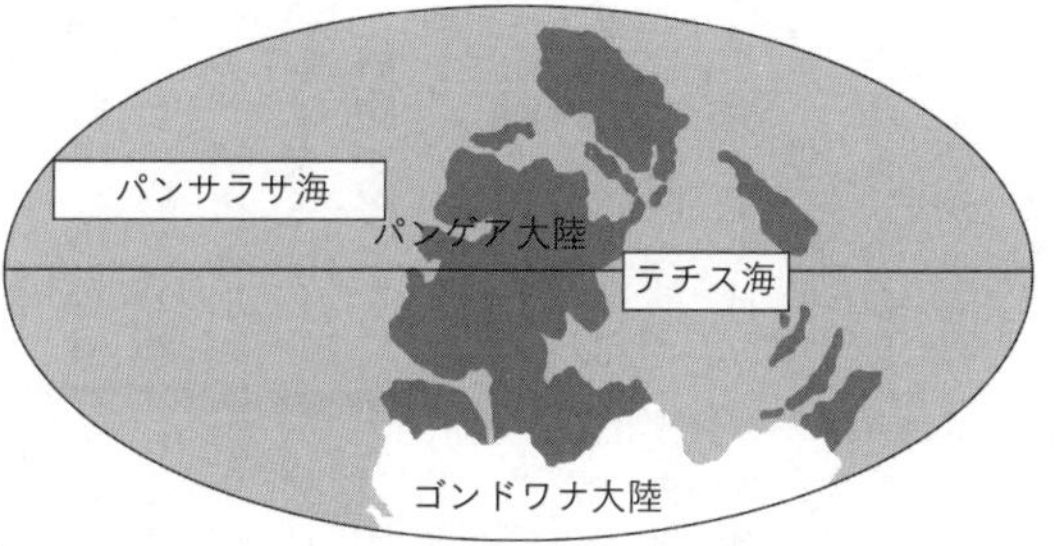

図5-5　石炭紀後期（約3億年前）の地球の姿
南半球は広く氷に覆われていた。

ドワナ大陸」と呼ばれる、いまのアフリカ大陸、南米大陸、南極大陸、オーストラリア大陸に相当する巨大な陸地が南半球に横たわっており、その上を氷床が南緯三五度付近まで覆っていたという証拠がある（図5-5）。現在の南半球でいえば、オーストラリアのシドニーやアルゼンチンのブエノスアイレス付近（北半球でいえば東京や米国のロサンゼルス付近）の緯度まで氷で覆われていたことになるわけだから驚きである。

当時の氷河作用は、現在の南半球のあちこちで見ることができる。たとえば、南アフリカ共和国にも、ドロップストーンなどの氷河堆積物のほか、当時の氷床が流動した際にできた傷（擦痕）が広範囲にわたって残っている。擦痕の向きから、当時の氷床がどちらの方向へ流れたのかまでわかるのだ。

湿地帯に埋没した陸上植物

ところで、動物や植物の体は有機物でできている。日常的な経験からもわかるように、肉や野菜などの食べものは時間がたつと腐っていく。これは、有機物が大気中の酸素と結合して酸化分解されるからである。有機物が完全に分解されれば、水と二酸化炭素になる。植物は水と二酸化炭素を使って炭素を固定する光合成を行っているが、酸化分解過程はまさにその逆のプロセスである。

植物がどんなに盛んに光合成を行ったとしても、その植物が完全に酸化分解されてしまえば、二酸化炭素の正味の固定はゼロである。つまり、二酸化炭素の固定を行わなかったのと同じことになる。同様に、光合成によって酸素が生産されるが、酸素を生産した植物が完全に酸化分解されてしまえば、同じ量の酸素が消費されることになるので、やはり正味の酸素生産量はゼロである。

実際、光合成によって生成された有機物のほとんどは、最終的には酸化分解されてしまう。ごくわずかな（〜〇・一パーセント）有機物が堆積物中に保存されて、酸化分解を免れる。そのためには、有機物が砂や泥などによって急速に埋め立てられ、酸素などの酸化剤から隔離される必要がある。大陸に近い大陸棚などの浅い海底はそのような条件に適しており、陸から河川によって運ばれてきた陸上植物や浅い海で光合成を行う植物プランクトンなどの死骸の一部が、海底堆積物中に保存される。

ところが、いまから約三億三〇〇〇万年前には特別な条件が成立していた。ほとんどすべての大陸がひとつに集まって「パンゲア」とよばれる超大陸が形成されつつあったのだ。パンゲア超大陸の南側を占めるのが、前述のゴンドワナ大陸である。パンゲア超大陸には湿地帯が広がっており、周辺は大森林に覆われていた。

植物は、酸素によって分解される前に、湿地に埋没していった。陸上植物は、それまでなかったリグニンやフミンといった新しいタイプの有機物をつくり出すようになったが、これらの有機物はバクテリアによって分解されにくいものであった。そのため、この時期には大量の有機物が酸化分解を免れることになった。

この様子は、この時期の海水の炭素同位体比の挙動に如実に記録されている。この時期には、通常ならば〇パーミル付近の値を示す海水の炭素同位体比の値が、六パーミルという異常に大きな値を示すようになるのだ。これは、軽い炭素が相対的により多く取り除かれたこと、すなわち有機物が大量に固定されたことを意味する。これらの有機物は、その後、熱による変質を受けて石炭となった。この時代が「石炭紀」と呼ばれる所以である。

有機物が大量に固定されたことは、大気中の二酸化炭素が大量に固定されたことを意味する。これが、この時期における二酸化炭素濃度の劇的な低下の要因のひとつだと考えられる。

陸上植物によって高まった風化効率

しかし、この時期における二酸化炭素濃度の低下は、別の要因によってもたらされたと考えられている。それは、陸上植物が出現したことによって、大陸表面が飛躍的に風化されやすくなったことによるものだ。

一般に、溶岩が固まったばかりの岩石表面は風化されにくい。つまり、容易に想像できることではあるが、岩石の溶解速度はとても遅いのだ。しかし、大陸表面の岩石は、風雨や氷の凍結融解などの影響で細かく砕かれ、地表面を覆っている。そうした砂や泥の覆いは、雨が降ると簡単に洗い流されてしまうのだが、内部でバクテリアなどが繁殖してコロニーをつくるようになると、「土壌」として安定に存在できるようになる。土壌は粗粒の無機物、コロイド状の無機物、生物の死骸などの有機物、そしてさまざまな生物を含む構造をもち、雨が降れば大きな空隙のためにスポンジのように水を吸収して、化学的風化作用を受けやすい。細かく砕かれているので、反応に関与する表面積が飛躍的に増加するためだ。この結果、陸上に生物が存在するかどうかということが、地表面の風化されやすさを大きく左右する。

陸上植物の存在は、土壌を安定に維持する役割を担っている。森林を伐採すると土壌が流出する、という話を耳にしたことがあるだろう。植物が根をはることによって土壌が安定に保たれているのだ。

陸上植物の出現によって地表面の風化効率は飛躍的に高まった。風化の効率が高くなるということは、二酸化炭素の供給速度が同じ条件では、低い温度でも二酸化炭素を同じだけ消費できることを意味する。すなわち、地球の平均気温（炭素循環システムにおける平衡状態の温度）は、陸上植物の進化とともに低下してきたのだ。これによる寒冷化が顕著に生じたことが、古生代後期氷河時代が生じた重要な原因だったと考えられている。

巨大化した昆虫

このように、いまから約三億三〇〇〇万年前の古生代後期においては、陸上植物の大繁栄によって地表面の風化効率が飛躍的に高まったことと、湿地帯に陸上植物が埋没して大量の有機物が酸化分解から免れたことが重なって、大気中の二酸化炭素量が現在とほぼ同じレベルにまで低下し、大氷河時代が訪れた。

ところで、南緯三五度付近にまで氷床が拡大したという事実は大変興味深い。これほどまで低緯度に氷床が拡大したのは、全球凍結に陥ったとされる原生代の氷河時代しか例がないからである。気候モデルによれば、緯度三〇度付近にまで氷床が拡大すると、気候システムは不安定となり、気候ジャンプが生じて全球凍結してしまう。ゴンドワナ氷河時代というのは、その意味において、全球凍結一歩手前までいった可能性があるよ

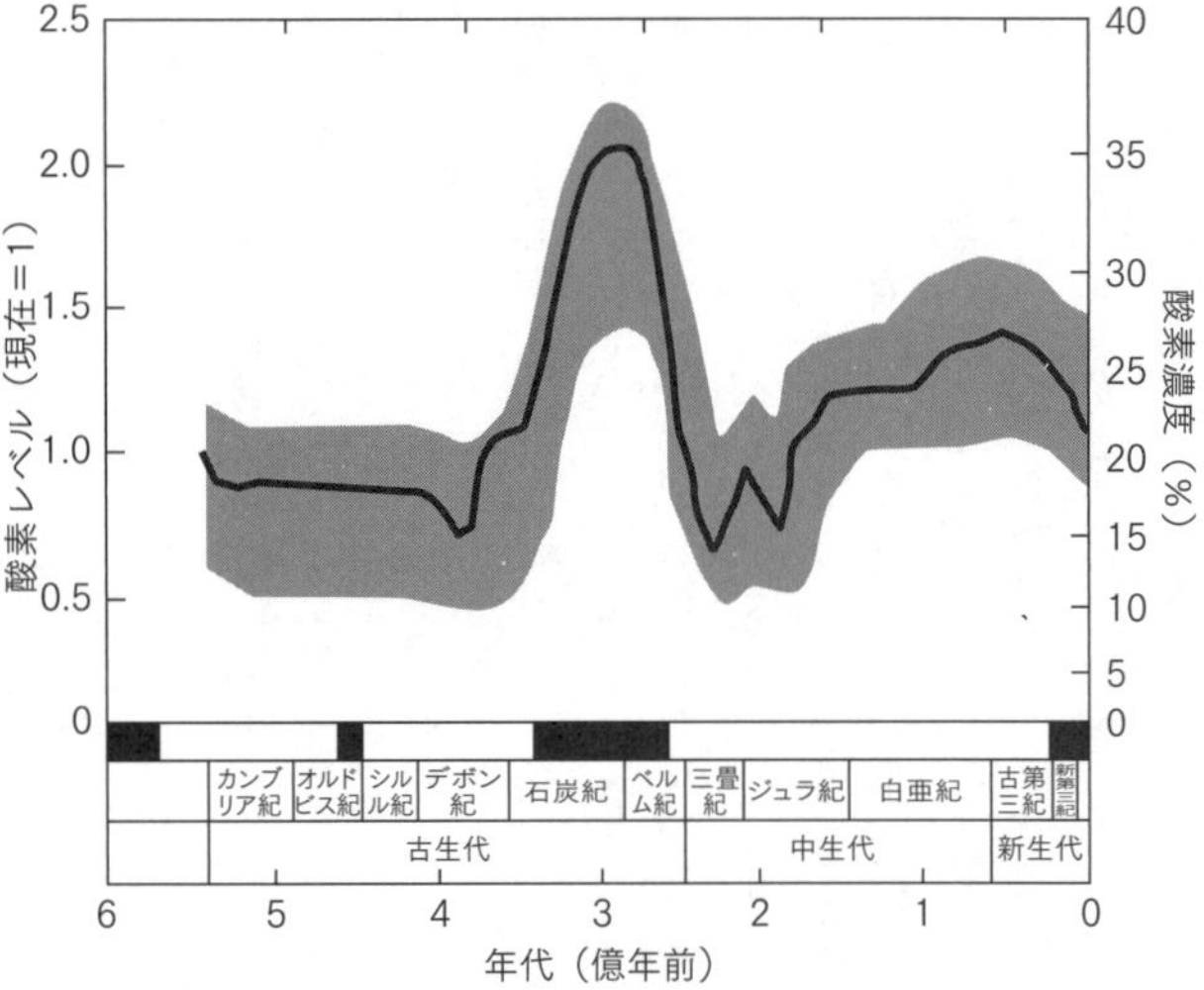

図5-6　顕生代を通じた酸素濃度の変動
Berner and Canfield (1989) に基づく。

うにも思われるのだ。だとすると、なぜ一歩手前で踏みとどまったのだろうか。原生代の全球凍結イベントとの違いを理解することが重要な課題だと、私は考えている。

一方、この時期には大気中の酸素濃度が現在よりもずっと高かったと考えられている。現在の大気中の酸素濃度は二一パーセントだが、約三億年前にはおそらく三五パーセントくらいにまで増加した可能性があるのだ（図5-6）。

石炭紀後期には大量の二酸化炭素が有機物として固定されたわけであるが、光合成で有機物がつくられる際、同時に酸素もつくられる。このため、大量の有機物の埋没によって二酸化炭素濃度が低下したのだとすれば、酸素濃度は逆に増加していたはずなのだ。

大変興味深いことに、石炭紀は大森林が発達するとともに、そこに適応した昆虫類が多様化し、しかも巨大化したことが知られている。たとえば、メガネウラと呼ばれる巨大トンボが石炭紀に繁栄したことが知られているが、なんと体長が七〇センチメートルを超えるような化石も見つかっているのだ！

なぜこの時期に昆虫が巨大化したのかは謎であったが、どうやらこれは大気中の酸素濃度の増加と関係しているのではないか、と考えられるようになってきた。昆虫類は代謝に必要な酸素を拡散によって直接体内に取り込んでいる。したがって、環境中の酸素濃度が高いことは、昆虫類に大変有利にはたらくのだ。また、酸素濃度の増加によって大気の密度が重くなると、飛行力学的にも有利になると考えられている。

このように、昆虫類の巨大化は、当時の大気中の酸素濃度が高かったことの間接的な証拠ではないかと考えられている。化石記録に残された生物の形態的変化が、現在とは大きく異なる過去の地球環境条件に対する生物の生理的な応答として結びつけられるのだとすれば、大変おもしろい話ではないか。

四　恐竜の繁栄と超温暖化

温暖だった中生代

地球史には寒冷期もあれば温暖期もある。次に、典型的な温暖期の事例を紹介しよう。

中生代（約二億五〇〇〇万～約六六〇〇万年前）は、三畳紀、ジュラ紀、白亜紀に区分されている。中生代は恐竜が栄えていた時代だ。恐竜は、まさに三畳紀に爬虫類から進化し、白亜期末に絶滅した生物なのである。ただし最近では、鳥類は恐竜から進化したものであるという考えが定着してきたので、恐竜は完全に絶滅したわけではないということになる。

映画『ジュラシック・パーク』（一九九三年制作）は、マイクル・クライトンの同名小説を映画化したもので、ジュラ紀（ジュラシック）の恐竜たちをバイオテクノロジーによってよみがえらせるという刺激的な内容だ。ハリウッド的なストーリーはともかく、コンピュータグラフィクスなどによって再現された恐竜のリアルさは賞賛に値するものだった。もっとも、その中に登場した恐竜の多く（ティラノサウルス、トリケラトプス、ヴェロキラプトルなど）は、じつは、ジュラ紀ではなく白亜紀に活躍していたものだというのは有名な話である。

中生代は全般的に温暖期だったとこれまで考えられてきたが、氷河性のドロップストーンが確認されるなど、寒冷な時期もあったことがわかってきた。しかし、白亜紀の中ごろ、いまから一億年前ごろは、間違いなく非常に温暖な時期であった。

たとえば、全球平均気温は現在より六〜一四℃も高かったと推定されている。また、海洋深層水の温度は現在では約二℃という低温だが、当時のそれは一七℃もあったと推定されている。そして、この時期の大気中の二酸化炭素レベルは、現在の数〜一〇倍も高かったと推定されている（図５－２）。このような温暖な環境は、どのような原因で生じたのだろうか。

スーパープルーム

じつは、白亜紀の中ごろは、火山活動が地球規模で非常に盛んであったことが知られている。たとえば、海底の拡大速度は現在の二倍近くにも達し、中央海嶺（海洋プレートの誕生する場所）や沈み込み帯（海洋プレートが地球内部に沈み込んでいる日本列島付近のような場所）における火山活動が非常に盛んであった。この結果、大量の二酸化炭素が火山ガスとして大気中に放出されていた可能性が高い。

さらにこの時期には、オントン・ジャワ海台やケルゲレン海台などといった巨大海台がたくさん形成されていた。「海台《かいだい》」とは、海底において大量の溶岩が噴出することによって形成される、台地状の地形のことである。これらの海台は海の底にあるために私たちは目にすることができないが、海水をはぎとってみれば、その雄大な姿を現すことになる。

たとえば、オントン・ジャワ海台は、西太平洋の海底、ニューギニア東方に位置し、いままさに太平洋プレートとともにソロモン海溝に沈み込みつつある。面積にしてアラスカとほぼ同じ二〇〇万平方キロメートル、日本の五倍以上もあり、体積は約六〇〇〇万立方キロメートルという、途方もなく巨大な玄武岩の塊である。誕生したのはいまから約一億二〇〇〇万年前のことで、太平洋の中央で形成され、太平洋プレートの拡大とともに西へと移動し、現在の位置にたどりついたというわけである。

このような大量の溶岩を噴出する火山活動は、私たち人類はこれまで一度も経験したことがない。いわゆる通常の火山噴火とはスケールがまったく異なるもので、むしろまったく別の現象だと理解したほうがよい。

当時、マントルの深部から「スーパープルーム」と呼ばれる巨大な高温物質が上昇してきて、それが地表で大量の溶岩を噴出し、いくつもの巨大海台をつくったと考えられている。スーパープルームが大陸の下から上昇してくると、大陸を分裂させる原因になるとされている。実際、パンゲア超大陸もスーパープルームによって分裂したと考えられている。

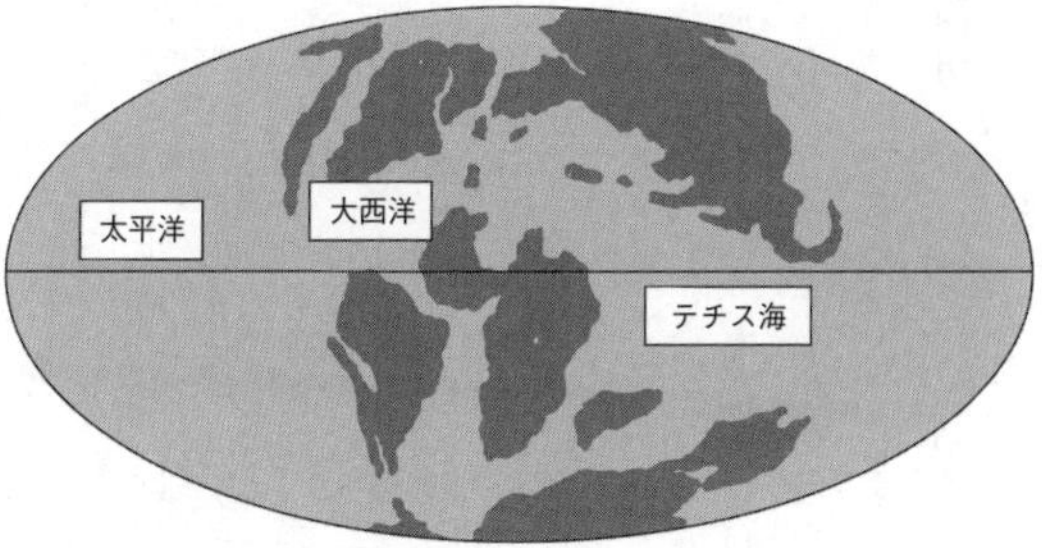

図5-7　白亜紀中ごろ（約1億年前）の地球の姿
パンゲア超大陸が分裂して大西洋ができつつある。

このように、白亜紀においては固体地球の活動が非常に活発だった。そして、激しい火山活動によって大量の二酸化炭素が放出された結果、大気中の二酸化炭素濃度が上昇していたのではないかと考えられるのだ。この時期の温暖化の原因も現代の地球温暖化と同様、やはり大気中の二酸化炭素濃度の増加によるものだった可能性が高いわけである。

海洋無酸素イベント

ところが、同じ白亜紀の中ごろには別の不思議な現象が生じたことが知られている。当時、「テチス海」と呼ばれる海があった（図5-7）。現在のアフリカ、ヨーロッパ、南アジアで囲まれた領域だ。アフリカ大陸やインド大陸の北上にともなって、テチス海は消滅した。しかし、テチス海の浅い海底に堆積した白亜紀の堆積物が、現在イタリアやフランスなどに地層として露出している。

たとえば、イタリア中央部のウンブリア州ペルージャ県にグッビオという町がある。元サッカー日本代表の中田英寿が在籍したことで有名になったサッカーチーム（セリエA・ペルージャ）のある町の近くだ。グッビオはローマ時代以前にまで歴史を遡ることのできる、非常に古い町だ。一三世紀に建てられたという古い教会や、白っぽい石の壁に赤レンガの屋根という家々が建ち並んでおり、中世の面影が色濃く残る大変美しい町並みがいまでも残されている。

そのグッビオからほど近いところに「ボナレリ層」と名付けられた地層が露出しており、石灰岩の白っぽい地層のなかに、黒い帯状の層がはっきりと確認できる。黒色にみえる理由は、有機物がたくさん（重量にして数パーセント以上も）含まれているからだということがわかっている。どうしてこの層には有機物が濃集しているのだろうか。

有機物の多くは、海洋のプランクトンの死骸が沈降して堆積したものである。しかし、通常であれば、有機物は沈降しながらただちに酸化分解されてしまう。海底に堆積した後も、どんどん酸化分解されてしまう。じつに九九パーセント以上が酸化分解され、堆積物に残るのはごくわずかである。それなのに、なぜかこの時期の地層には大量の有機物が分解されずに残っているのだ。

その理由は、当時の海水中に溶け込んでいた酸素濃度が、なんらかの理由によって非常に低下したからだ、と考えられている。そこで、そのような現象は、「海洋無酸素イベント」と呼ばれている。海洋無酸素イベントは、過去に繰り返し生じたことが知られている。白亜紀中ごろのものがもっとも有名であるが、白亜紀だけで数回も生じている。顕生代を通じては、オルドビス紀後期、デボン紀後期、ペルム紀／三畳紀境界、ジュラ紀前期などでも生じており、かなり普遍的な現象だともいえる。

温暖化が起因となった海洋無酸素イベント

海洋無酸素イベントがなぜ起こるのかについては、いろいろな可能性が議論されているが、まだ決定的な結論には至っていない。そもそも海水に溶けている酸素は、海洋表層で活動しているプランクトンなどの生物の死骸が沈降する過程で、有機物の酸化分解に使われてしまう。それにもかかわらず海洋深部に酸素が溶け込んでいるのは、海洋深部に酸素を供給するメカニズムが存在するからである。それは、海洋深層水の形成と循環である。

現在の海洋では、グリーンランド沖の冷たく塩分の濃い海水が沈み込み、海洋深層水として世界中の海洋深部に広がっている。海水が沈み込む際、大量の酸素を溶かし込んでいるので、このプロセスによって海洋の深層領域に酸素が供給されるわけである。したがって、もし海洋の循環が停滞すれば、海洋深部は無酸素状態になりやすくなる。そうなれば、海底にたまった有機物は保存されやすくなる。すなわち、海洋無酸素イベントが生じる理由としてまず考えられるのは、海洋循環が停滞した可能性である。

一方で、海洋表層における生物生産がきわめて活発になったことが海洋無酸素イベント発生の原因ではないかという考えもある。この場合、生物生産性の増加によって海洋中層水の酸素が有機物の酸化に使われて枯渇するとともに、海底には大量の有機物が降ってくることになる。その結果、分解を免れる有機物の量が増えたのかもしれない。

あるいは、暖かい海水には酸素が溶けにくくなるので、温暖期にはそもそも海水中の酸素濃度が低下していた可能性が考えられる。もともと貧酸素状態に陥りやすかったというわけである。

いずれの場合も、海水中に溶け込んでいる酸素が消費される一方で、大気からの供給が追いつかなくなるため、海水は貧酸素環境となり、有機物が地層中に保存されやすくなるということである。海洋循環の停滞も生物生産の活発化も溶存酸素濃度の低下も、すべて温暖化との関係が指摘されている。ただし、本当の原因はどれだったのかはまだよくわかっていない。

高緯度地域も温暖だった

有機物は二酸化炭素が固定されたものだから、大量の有機物が埋没したということは、大量の二酸化炭素が大気から除去されたということである。となると、気候は寒冷化するはずである。前述の石炭紀の大氷河時代がそのような例である。ところが、海洋無酸素イベントが生じたタイミングは、まさに温暖期として知られている時期と一致しているのである。これはどう理解したらよいのだろうか？

海洋無酸素イベントによって大量の有機物が堆積するという現象は、気候の寒冷化要因のはずなのに、当時は寒冷化ではなく温暖化が生じていた。ということは、もし海洋無酸素イベントが起こらなかったら、当時の温暖化はさらに過酷なものになっていたはずなのだ。海洋無酸素イベントが生じることで、超温暖化が緩和されていたということになる。したがって、もし海洋無酸素イベントの原因が温暖化そのものに起因していたのだとすると、これは地球システムがもっている負のフィードバック機構のひとつだと考えることができるのかもしれない。

ところで、驚くべきことに、本来ならば寒冷なはずの高緯度域も、当時はきわめて温暖であったというさまざまな証拠が知られている。なんと、当時の北極圏（現在のアラスカ）や南極圏（現在のオーストラリア）にも恐竜が生息していたことを示す化石が発見されているのだ。恐竜は、夏のあいだだけ極地方に移動してきて、冬になる前にもとの場所に帰っていたのだろうが、極域に定住していたものもいたようだという。北極圏や南極圏は、夏には白夜となって一日中太陽が沈まなくなる。しかし、太陽がまったく昇らなくなる冬はとても寒くなるはずであり、そのような環境においてどうして恐竜が活動できたのかは大きな謎である。

しかしながら、高緯度地方が異常に暖かくなるということは、ほかの温暖期にもみられる特徴である。たとえば、いまから約五〇〇〇万年前も白亜紀中ごろと並ぶ温暖期として知られているが、当時の極地域の地層からは温暖な気候を示唆する植物化石が産出し、緯度五〇度（現在でいえば、フランスのパリやカナダのバンクーバー付近）まで熱帯雨林が分布していたらしい。

このような状況は、現代の気象学や気候学では説明することができない。温暖化が極度に進むと、私たちのまだ知らないなんらかのプロセスがはたらき出す可能性があるのだ。現在この問題は、古気候学者のあいだで大きな関心を集めている。

地球温暖化によって今後なにが生じるのかはまだよくわかっていない。したがって、こうした過去の温暖期の事例をくわしく研究することの重要性は明らかであろう。過去の地球で生じた気候変動をくわしく調べることによって、まだよくわかっていない地球システムの挙動を理解する手がかりがいろいろ得られる可能性があるのだ。

五　ヒマラヤの隆起がもたらした寒冷化

新生代（六六〇〇万年前〜現在）は、第三紀と第四紀に区分されている。ただし最近、地質年代の大きな改訂が行われ、「第三紀」という名称は今後使われないことになった。その代わり、前半はパレオジン、後半はネオジンと呼ばれることになった（これらはもともとあった名称で、それぞれ古第三紀、新第三紀と訳されている）。新生代の初期は温暖期、後半は寒冷期として特徴づけられる。現在へと続く寒冷化はどのように生じたのだろうか。

新生代後期氷河時代

新生代における最大の気候変動は、今から三四〇〇万年前の始新世と漸新世の地質年代境界で生じた。この時期には、南極大陸に巨大な氷床が形成されたものと考えられている。南極大陸に最初に氷床が形成されたのは、もう少し古い年代（約四三〇〇万年前ごろ）までさかのぼる可能性もあるようだが、少なくとも巨大かつ永続的な氷床が形成されたのは、始新世／漸新世境界のようである。現在へと続く新生代後期氷河時代の始まりである。

始新世／漸新世境界において南極大陸の氷床が発達した原因は、この時期に南極大陸が熱的に孤立したことによるものではないかという説がある。これはどういうことかというと、約二億年前に始まるパンゲア超大陸の分裂過程において、南極大陸とオーストラリア大陸、南米大陸とのあいだが次つぎに開いたことによって、南極大陸の周囲をぐるりと取り囲む環南極海流が成立した結果、南極大陸が寒冷化して氷床が発達するようになった、というものである。

ただし、本当の原因は大気中の二酸化炭素濃度の低下による可能性が高いと考えられる。実際、南極大陸がオーストラリア大陸と分裂して浅い海峡が形成されはじめたのは約三八〇〇万年前、南極大陸と南米大陸が分裂してドレイク海峡が形成されはじめたのは二四〇〇万〜二〇〇〇万年前ごろと推定されており、氷床の形成時期と必ずしも一致しているわけではない。

その後のさらなる寒冷化については、ヒマラヤ山脈及びチベット高原の隆起が原因だったのではないか、という有力な仮説がある。プレート運動によってインド亜大陸が現在のインド洋を北上し、いまから約四〇〇〇万年前にユーラシア大陸と衝突してヒマラヤ・チベット高原の隆起が始まったわけであるが、それによって地球全体の風化率が増加した結果、大気中の二酸化炭素が消費されて寒冷化が進んだのではないか、というものである。

ヒマラヤ山脈、チベット高原の隆起と寒冷化

地球上では地形的な起伏がつくられると、水の循環によって、それをならして高低差をなくすような作用がはたらく。これを「浸食作用」という。浸食作用にともなって、

風化作用が促進されるのだとすれば、地球全体の寒冷化が生じても不思議ではない。

ただし、よく考えてみるとこれは少し単純すぎる話である。もし地球全体の風化率だけが勝手に増加すれば、二酸化炭素の消費が卓越するために、火山活動などによる二酸化炭素の供給とのバランスが崩れて、大気中の二酸化炭素はすぐになくなってしまう。したがって、実際にはもう少し複雑なことが生じるのではないかと考えられるのだ。

ヒマラヤ・チベット高原地域の隆起によって浸食率が増大すると、ヒマラヤ・チベット地域の風化率が増加する。すると大気中の二酸化炭素が過剰に消費されるために、二酸化炭素濃度が低下する。それによって、地球全体の平均気温が低下するので、地球全体の風化率も低下する。ところが、ヒマラヤ・チベット地域では、浸食作用によって、いわば強制的に風化作用が生じている。その結果、やがてヒマラヤ・チベット地域とそれ以外の地域における風化作用による二酸化炭素の消費の合計が、火山活動などによる二酸化炭素の供給とつり合うようになるはずである。したがって、ヒマラヤ・チベット高原地域の隆起によって、地球は寒冷化することになる。

ここで重要な点は、高い山脈をつくるようなはたらきが生じても、地球全体の風化率は決して増加しないということである。地球が寒冷化するのは、山脈の形成に対して地球システムが応答した結果であり、風化率はあくまでも二酸化炭素の供給とのつり合いを保ったままなのである。

ある地域で山脈が形成されると、まわりまわって地球全体の寒冷化が生じる、というのは、「風が吹けば桶屋が儲かる」的なおもしろい話である。これは、地球をひとつのシステムとして捉える「地球システム科学」によってはじめてきちんと理解できる現象なのである。

さらに進んだ寒冷化

さてその後、約二四〇〇万年前には汎世界的な海水準の低下が生じたことが知られており、南極の海岸の植生が森林からツンドラに変化したことが記録されている。そして約一五〇〇万年前にはさらなる寒冷化が生じ、約一〇〇〇万年前の南極氷床は現在の規模をしのぐほど発達したらしい。さらに、約六〇〇万年前ごろまでには現在とほぼ同じような海洋の循環が確立した。ちょうど私たちヒトの遠い祖先がゴリラやチンパンジーなどの類人猿と分岐したころ（八〇〇万～五〇〇万年前）のことである。

いまから約三〇〇万年前になると、寒冷化がさらに進行し、北半球にも大きな氷床が形成されはじめる。ある仮説によれば、南北アメリカ大陸をつなぐパナマ陸橋がこのころに形成されたことでメキシコ湾流が強くなった結果、北大西洋沿岸に水蒸気が供給され、それが北半球における氷床の形成を促した可能性がある。しかし、その因果関係についてはまだよくわかっていない。ヒマラヤ山脈やロッキー山脈の隆起が大気循環の変化を引き起こし、寒冷化をもたらしたとする説もある。

その後、さらに寒冷化が進んで、「氷期・間氷期サイクル」と呼ばれる、周期的な気候変動が顕著に生じるようになる。現在はまさにそのような時代に位置づけられるのだが、それについては、第8章でくわしく解説する。

第6章 スノーボールアース・イベント

一　原生代氷河時代の謎

氷河堆積物とキャップカーボネート

いまから約七億〜六億年前の原生代末期が汎世界的な大氷河時代であったことは、古くから知られていた。しかし、当時は地球全体が凍結していた「スノーボールアース・イベント」(全球凍結イベント)であったという考えが定着したのは、ごく最近のことである。

そもそも、原生代後期の氷河時代は謎が多いことで知られていた。当時の氷河堆積物は、事実上、世界中に分布している(図6-1)。これは、当時が汎世界的な大氷河時代であったことを如実に物語っている。それだけでも前代未聞だといえるのだが、不思議なことに、場所によっては、縞状鉄鉱床が氷河堆積物にともなわれて堆積しているのだ。縞状鉄鉱床は第4章でも述べたように、いまから二五億〜二〇億年前に大量に形成され

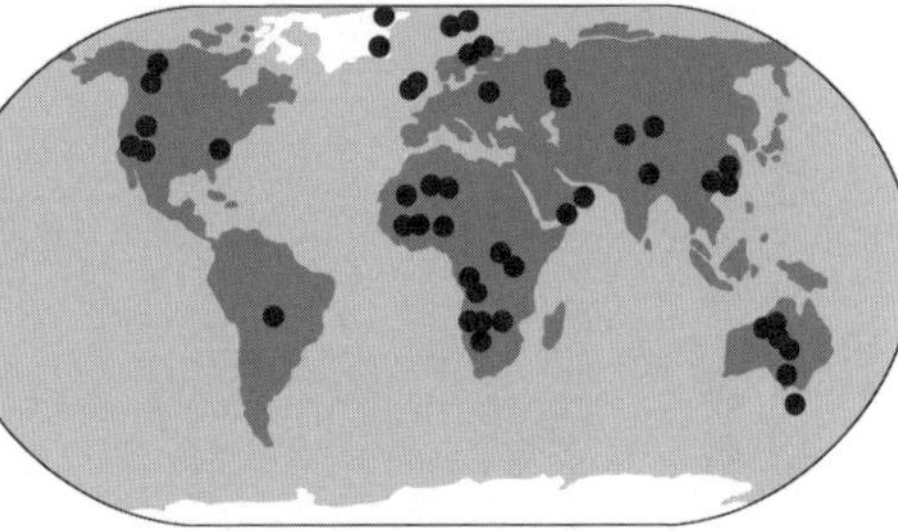

図6-1　原生代後期（約6億5000万年前）の氷河堆積物の分布
http://www.snowballearth.org/を参考に作成。

たことが知られている。その成因は、この時期に大気中の酸素濃度が増加したことが関係していると考えられていることもすでに述べたとおりである。縞状鉄鉱床は、約一八億年前に堆積したのを最後に、一〇億年間以上形成されていなかった。それがなぜ原生代後期の、しかも氷河堆積物にともなわれてふたたび形成されたのだろうか。

さらに不思議なことに、この時代の氷河堆積物は炭酸塩岩によって覆われている。炭酸塩岩は基本的に熱帯〜亜熱帯性の堆積物であり、暖かい海水から沈殿して形成されるものだ。それが、通常ならば極域で形成される氷河堆積物のすぐ上を覆っているのはどうしてだろうか。この炭酸塩岩（英語でカーボネートという）は、氷河堆積物を直接覆っているという特徴から、「キャップカーボネート」と呼ばれている。これは、氷河時代直後にその場所が極域のような環境から熱帯域のような環境に突然変わったことを物語っている。

よほど激しい気候変動が生じたに違いない。

図6－1をみると、氷河堆積物は赤道付近にも分布していることがわかる。しかし、それは必ずしも赤道付近で大陸氷床が形成されたことを意味するわけではない。というのも、大陸はプレート運動によって常に移動しているので、約六億年前ということになれば、その場所は現在とはまったく違う場所に位置していたことは間違いないからである。たとえば、当時の北極か南極を中心にすべての大陸が集まっていたのだとしたら、ほとんどすべての大陸に氷河堆積物が形成されたとしても不思議ではない。

そこで、氷河堆積物が形成された時期のその場所の緯度（古緯度）を推定するという研究が行われた。岩石に記録されている当時の地球磁場の方向を測定することによって、その当時の緯度を推定するのだ。

すると、驚くべきことに、いくつかの場所は当時の低緯度に位置していたという結果が得られた。つまり、本当に、当時の赤道域に大陸氷床が形成されていたというのである。それは、通常の氷河時代には決して見られない、きわめて異常な状況だ。

低緯度氷床のもつ意味

研究者の多くは、その研究結果を深刻には受け取らなかった。きっと間違いだと考えたのだ。というのも、六億年も前に形成された地層が、当時の情報をそのまま保持している可能性は高くはないからだ。

地層は、六億年ものあいだには高温条件を経験しているのがふつうだ。古緯度の情報は、岩石が記憶している当時の地球磁場の方向を調べることによって得られたものである。しかし、そのような情報は高温になると消えてしまうのだ。それも、単に消えてしまうだけではなく、消されたときの地球磁場の方向が上書きされてしまうのである。つまり、測定して得られた結果が、岩石が形成されたときの情報なのか、それとも後から上書きされた情報なのか、区別がつかないのである。

一九八〇年代の終わりになって、南オーストラリアにおける原生代後期の氷河堆積物が低緯度で形成されたとする研究結果の検証が行われた。すなわち、測定された情報が岩石の形成時のものかそうでないのかを判定するテストが行われたのである。その結果、それは間違いなく形成時の情報であることが明らかになり、事態ははじめて深刻なものとなった。約六億年前に低緯度まで大陸氷床が発達していたことが確実となったのである。

こうした「低緯度氷床」の確実な証拠は、現在では、少なくとも三つの時期で知られている。原生代前期の「マクガニン氷河時代」(約二三億〜二二億二〇〇〇万年前)、原生代後期の「スターチアン氷河時代」(約七億二〇〇〇万〜六億六三〇〇万年前)及び「マリノアン氷河時代」(約六億三九〇〇万〜六億三五〇〇万年前)である(図6-2)。

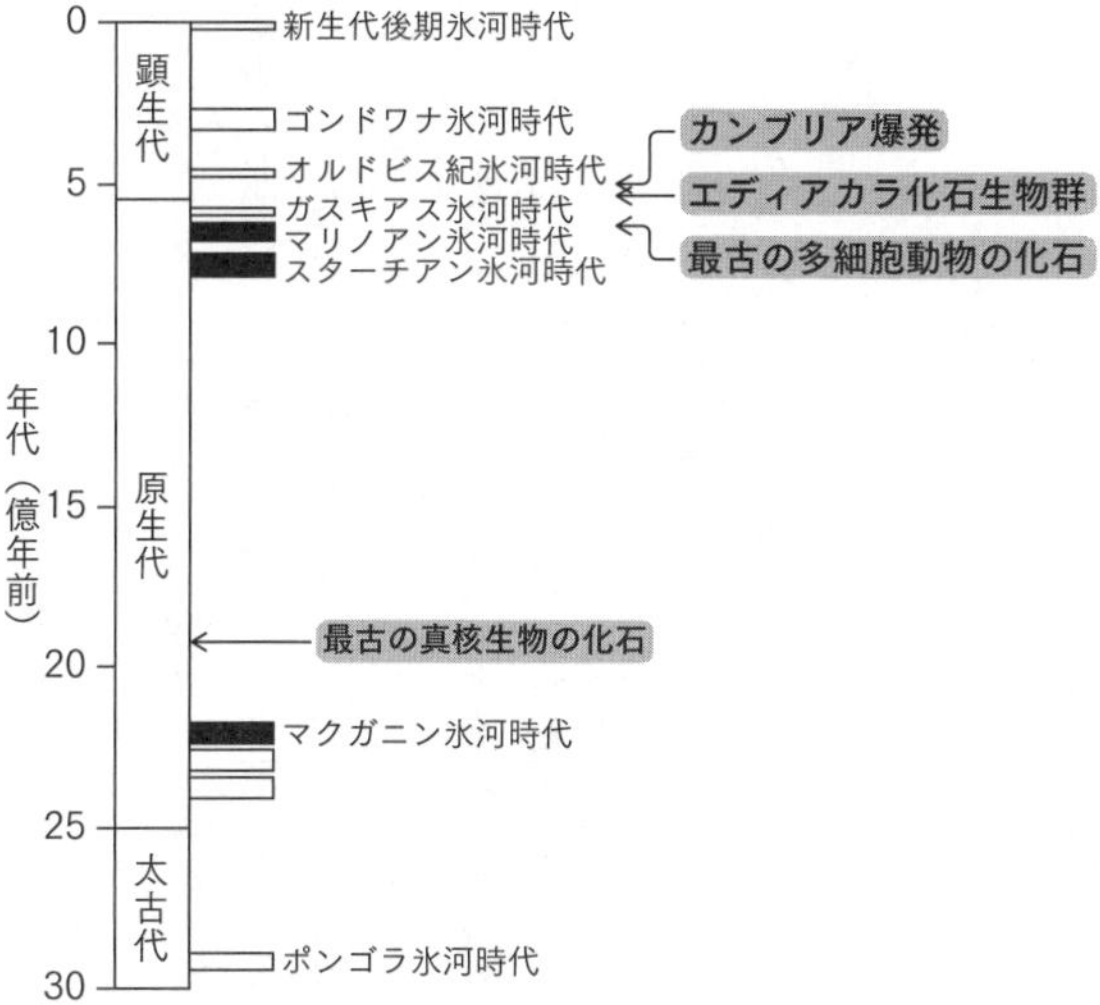

図6-2　全球凍結イベント（黒塗りの四角）と生物進化の関係
白抜きの四角は通常の氷河時代。

低緯度氷床の形成はいったいなにを示唆するのだろうか？

この問題を解決すべく、一九九二年、カリフォルニア工科大学のジョセフ・カーシュビンクは、当時の地球は極から赤道まで全表面が氷で覆われていたとする「スノーボールアース仮説」を提唱した。そのように考えることによって、原生代後期の氷河時代にみられるいろいろな謎を解決することができるというのであった。

二　スノーボールアース仮説

映画『スターウォーズ　エピソード5／帝国の逆襲』（一九八〇年制作）では、氷の惑星ホスを舞台に、銀河帝国軍と反乱軍が死闘を繰り広げる。この惑星は一面氷で覆われており、帝国軍の目をそらすことができるため、反乱軍の基地が置かれているのだ。ここで注目したいのは、主人公のルーク・スカイウォーカーやハン・ソロが偵察用に乗り回していたトーントーンと呼ばれる二足歩行の不思議な生物や、ルークを襲った全身を白い毛で覆われたワンパと呼ばれる巨大生物だ。液体の水が存在しないと思われる氷に閉ざされた惑星上で、これらの生物はいったいどうやって生存しているのだろうか。もしかすると、この惑星では至る所に温泉が湧いているのか、あるいは季節的に氷が融けて液体の水が存在し得るのかもしれない。いずれにせよ、このような「氷で全面を覆われた惑星」というイメージは、まさにスノーボールアース仮説の先取りであった。

なぜ全球凍結はしないと考えられていたのか

スノーボールアース仮説によれば、地球の表面はすべて氷で覆われて真っ白になる。これはいわゆる、「全球凍結」と呼ばれる状態である。惑星アルベドが大きいため、太陽放射の大部分（約六〇～七〇パーセント）は反射されてしまい、地球が受け取る太陽からのエネルギーが非常に少ない状態である。

このような気候状態は、地球が取り得る安定な気候状態のひとつであると、昔から知られていた。しかし、実際の地球はこのような状態には一度も陥らなかったと考えられていたのである。というのも、そのような地質学的証拠がこれまでまったく知られていなかったからである。

地球が全球凍結したことがないと考える理由は、もうひとつあった。もし地球が全球凍結状態に陥ると、二度と元の気候状態には戻ることができないと考えられていたのだ。全球凍結した地球は真っ白で太陽放射の大部分を反射してしまう。こうなると、太陽が時間とともにだんだん明るくなって、たとえ現在の明るさになったとしても、地球の表面は氷が融けるほど温暖にはなれないことが示されていたのである。もし過去に地球が一度でも全球凍結に陥れば、現在のような温暖な環境にはなれないので、そんなことは一度もなかったはずだ、というわけだ。

しかし、カーシュビンクは、たとえ地球が全球凍結状態に陥ったとしても、そこから脱出するうまい方法があることを発見した。火山活動である。火山活動によって大気中に二酸化炭素が放出されて蓄積すれば、その温室効果によって氷が融け、全球凍結状態から脱出できるのではないか、というのだ。

大気中の二酸化炭素は、通常ならば地表面の化学的風化作用によって消費され、海洋で炭酸塩鉱物として沈殿する。しかし、地表の水がすべて凍結しているような状況では、そのようなことは生じない。二酸化炭素のもうひとつの消費プロセスとして、生物の光合成活動があるが、全球凍結下では光合成活動は完全に停止してしまうはずである。というのは、生物活動には液体の水が不可欠なのに、全球凍結状態においては、太陽からの光が届く範囲の水はすべて凍ってしまっているからである。

となると、全球凍結状態においては、通常の炭素循環がほとんど完全に機能停止している、ということになる。しかし火山活動は地表面の気候状態とは無関係に生じ続けるだろうから、二酸化炭素の放出は全球凍結した地球上でも続くだろう。その結果、地球は自律的に、全球凍結状態から抜け出せる可能性がある、というのである。

本当にそのようなことが可能であるかどうかは、気候モデルを用いた計算が必要であったが、同じ一九九二年、ペンシルベニア州立大学のケン・カルデイラとジェームス・キャスティングによって、地球が全球凍結しても大気中の二酸化炭素が〇・一二気圧程度にまで増加すれば、全球凍結状態から脱出できることが示された。

氷の惑星

全球凍結状態とはどんな状態かというと、年間平均気温は赤道でもマイナス三〇℃くらい、全球平均気温もマイナス四〇℃くらいという、非常に寒冷な世界である。まさに、地球全体が極域のようになってしまった状態である。

海水も表面から冷やされて凍結していく。ただし、一〇〇〇メートル程度凍った時点で、海底で放出されている地球内部からの熱によって、熱的な平衡状態に達する。つまり、それ以上、氷は厚くなれない。この結果、海洋の深層領域は、凍結しないままとなる。

海洋表面が凍るといっても、それは通常の「海氷」とはいえない。なにしろ、海洋表層が一〇〇〇メートルも凍結してしまうわけだから、むしろ大陸を覆う大陸氷床（大陸氷河ともいう）に近く、「海氷河」と呼ぶべきものだ。氷の厚さは、相対的には、高緯度域では厚く、赤道域では薄いので、高緯度側から低緯度側へと「流動」するのだ。大陸の氷河が流動するのと同じである。この結果、もし低緯度の暖かい海が凍らずにいたとしても、やがては高緯度側から流動してきた海氷河によって、塞がれてしまうだろう。

一方、海水が凍っているので、大気中の水蒸気はごくわずかしかない。空には雲もほとんどなく、常に快晴で極度に乾燥した極寒の世界である。ただし、氷表面から昇華したわずかな水蒸気が雪として大陸地域にも少しずつ降り続ける。この結果、氷床は少しずつ成長し、やがて二〇〇〇〜四〇〇〇メートル級の大規模大陸氷床へと成長する。たとえ、もともと雨や雪が降らない乾燥域も、大陸氷床が流動することで、いずれは赤道

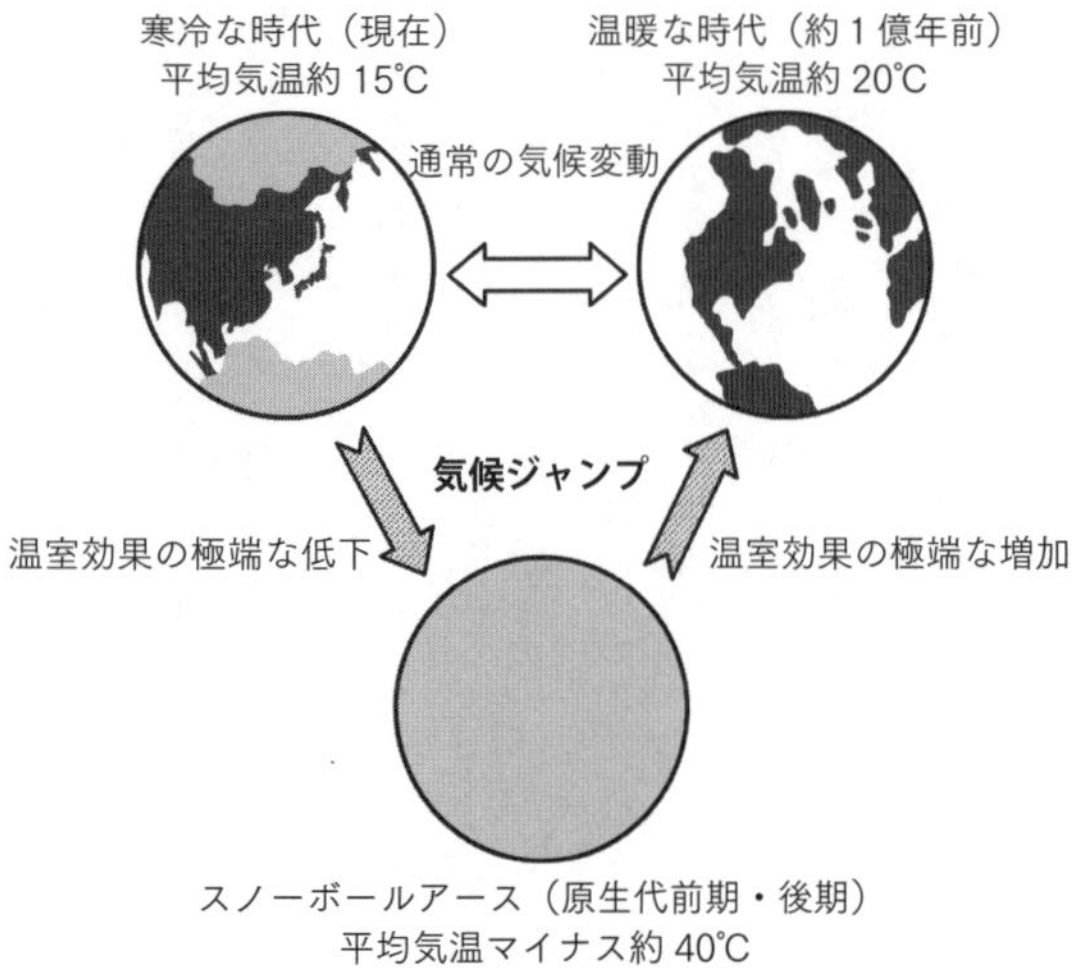

図 6 - 3　地球の 3 つの安定な気候状態

域まですべて氷に覆われることになる。地球はまさに「氷の惑星」と化すのである。

このような状態は、火山活動によって大気中に二酸化炭素が〇・一二気圧程度溜まるまで続く。現在の火山活動を仮定すると、だいたい四〇〇〇万年ほどかかることになる。その後、赤道で氷が融け出し、海が顔を出す。海は日射を吸収して暖まり、さらに氷が融けていく。アイスアルベド・フィードバックの逆の作用がはたらくのだ。おそらく数百年から数千年ほどですべての氷が急速に融けてしまうと考えられる。

ところが、大気中には二酸化炭

素が〇・一気圧程度あるままなので、今度は高温環境が地球を襲うことになる。平均気温が六〇℃程度という猛烈な暑さだ。全球凍結時はマイナス四〇℃くらいだったので、約一〇〇℃も平均気温が上昇することになる。このような気候変動は明らかにふつうではない。スノーボールアース・イベントというのは、地球の安定な気候状態間の急激な遷移過程（気候ジャンプ）による「不連続的」な気候変動であり、通常の「連続的」な気候変動とはまったく違うのである（図6－3）。

キャップカーボネートはいかに形成されたのか

ところで、このように考えると、原生代後期にみられた氷河堆積物の不思議な特徴を説明することができる、というのがスノーボールアース仮説である。たとえば、当時の氷河堆積物が世界中に分布しており、低緯度にまで大陸氷床が存在した証拠がある、ということが説明可能なのは自明であろう。

氷河堆積物直上にみられるキャップカーボネートの形成についても説明できる。全球融解後の高温環境によって大量の水蒸気が蒸発し、雨となって地表に降り注ぐ。地表面が激しく風化浸食された結果、大気中に蓄積した大量の二酸化炭素は、炭酸塩鉱物としてどんどん固定されていく。これがキャップカーボネートの成因だ。地球全体が熱帯のような環境になるのだから、世界中で氷河堆積物直上に熱帯性のキャップカーボネートが形成されたとしても矛盾がない。

それでは、縞状鉄鉱床が氷河堆積物にともなわれて形成している、ということはどうやって説明できるのだろうか。カーシュビンクは、これについても大変うまい説明を考えついた。全球凍結中の地球において、海洋深層水は凍結を免れる。すると、海洋深層水中に溶け込んでいた酸素はだんだん消費され、海洋深層水は酸素に枯渇した状態（貧酸素状態）になっていく。すると、海底熱水系から放出された二価の鉄イオンが深層水に蓄積できるようになる。前述のように、二価の鉄イオンは水溶性で酸素に枯渇した海水に溶けることができるのだ。やがて、海洋を覆っていた氷が融けると、鉄イオンを含む海洋深層水は表層へと湧昇し、大気中の酸素と結合して酸化鉄として沈殿する。これは、二五億～二〇億年前に縞状鉄鉱床が大量に形成されたメカニズムそのものである。それが、全球凍結によって再現された、と考えるわけだ。

通常では考えられない炭素同位体比の値

一九九〇年代後半、米国・ハーバード大学のポール・ホフマンらは、アフリカのナミビア共和国に分布する原生代後期の氷河堆積物をくわしく調査し、氷河堆積物を覆うキャップカーボネートの炭素同位体比を分析した。その結果、炭素同位体比は、ほかの時代には決してみられない挙動をしていることが明らかになった。炭素同位体比の値は、氷河堆積物直上でマイナス六パーミルという低い値を示し、数百メートルも上部にいってからようやく通常の〇パーミル付近の値に戻っていた。これは、いったいなにを意味するのだろうか。

炭素同位体比の変動は、生物の光合成活動の変動を反映している。生物は環境中に存在する二酸化炭素を細胞内に取り込んで、炭素固定を行う過程で、軽い炭素同位体をより多く取り込む性質があることはすでに述べた。その結果、環境中には重い炭素同位体が相対的により多く残される。一方、大気中には火山ガス起源の二酸化炭素が放出されているが、その炭素同位体比は、マイナス六パーミルという値を示す。これは、地球内部の炭素の同位体比だと考えられている。しかし、地球表層においては、いま述べたような生物活動によって軽い炭素同位体が優先的に取り除かれる結果、海水は通常、地球内部の値よりも大きな、およそ〇パーミルという値を示すのだ。生物活動が活発になれば大きな正の値を示すこともあり、逆に生物活動が弱まれば負の値を示す。

ところが、キャップカーボネートでみられた炭素同位体比の値は、なんとマイナス六パーミルだった。これは、火山ガスの組成とまったく同じではないか。ということは、放出された火山ガスは、生物にはまったく利用されていないということを意味する。すなわち、氷河時代が終了した直後、地球上では生物活動が完全に停止していたことになる！　これは大変な事態である。

唯一の解釈は、原生代後期の氷河時代において、生物圏は壊滅的な打撃を受けたというものだ。通常の氷河時代ではそのようなことは起こるはずもないが、もしそれが全球凍結だったとしたら考えられなくもない。なにしろ、海の表層一〇〇〇メートルが数百万年間にわたって凍結してしまうのだ。

このように、スノーボールアース仮説によって、原生代の氷河堆積物にみられる不思議な特徴がすべて説明できる。これはスノーボールアース仮説の大変優れた点であり、多くの人びとが支持する理由でもある。

けれども同時に、スノーボールアース仮説に対する反論も噴出した。カーシュビンクやホフマンが主張するようなスノーボールアース仮説のシナリオに、必ずしも調和的ではない地質学的証拠がいろいろあるというのだ。それに、そもそも全球凍結という極端な考え方は、生物進化の立場からすれば受け入れがたいということもあった。現実の地球は複雑であるから、このような単純なシナリオでは説明できないことも当然あるだろう。

三　そのとき生物は？

スノーボールアース仮説の最大の問題点は、数百万年以上ものあいだ地表の水がすべて凍結してしまったら、生物が生き延びることができないはずだというものである。いくら海洋深層水が凍結しないからといっても、光合成を行っている生物の活動は、太陽の光の届く海洋表層一〇〇～二〇〇メートル程度に限られる。

とりわけ、当時はすでに光合成を行う真核生物である緑藻、紅藻、褐藻などの藻類の仲間が出現しており、原生代後期の大氷河時代を生き延びたことがわかっている。バクテリアならともかく、真核生物がそのような過酷な環境を生き延びたとは大変考えにくい。この問題をどう解決するのかが、スノーボールアース仮説最大の課題である。そして、これまでにいくつかの解決策が提案されている。

ソフト・スノーボールアース仮説

そのひとつは、全球凍結といっても、大陸はすべて氷で覆われるが、赤道域の海洋は凍らなかったのではないか、というものだ。気候モデルを用いて調べてみると、確かにそのような気候状態があり得ることがわかった。これならば、低緯度氷床が存在したという証拠を満たし、なおかつ生物が生き延びたことも説明できる。これは「ソフト・スノーボールアース仮説」と呼ばれ、本家の「ハード・スノーボールアース仮説」と対比されるようになった。

ただし、ソフト・スノーボールアース仮説は生物が生き延びたことを説明するには都合がよいかもしれないが、縞状鉄鉱床やキャップカーボネートの形成は説明することができない。というのは、赤道域の海洋は凍っていないので、海洋は大気と常にガス交換を行うため、海洋には鉄イオンが蓄積できず、大気には大量の二酸化炭素が蓄積できない状況になっているからだ。スノーボールアース仮説は、原生代の氷河堆積物にみられる不思議な特徴をすべて説明できるというものだったのに、そのメリットがなくなってしまうというのでは、正直のところあまりメリットが感じられない。

また、たとえ赤道域の海洋は凍結しなくても、高緯度域の海洋は凍結するので、それが前述の海氷河として振る舞うと、高緯度から低緯度へと流動することによって、最終的には赤道域も完全に氷で覆われるのではないかと考えられる。

したがって、ソフト・スノーボールアース仮説は、原生代後期の不思議な氷河作用の説明としては疑問が残る。

氷の下でも生物が活動できる条件

別のアイディアとして、氷の厚さは一〇〇〇メートルではなく、数十メートル程度だったのではないか、というものがある。これは、現在の南極でみられる実例に基づいた仮説だ。現在の南極には凍結している湖がたくさん存在している。しかし、ドライバレーと呼ばれる大変乾燥した地域にみられる湖の氷は、予想よりもはるかに薄い。理論的に予想される氷の厚さは三〇〇メートルなのに、実際には五メートルしかないのだ。

乾燥域の湖の氷は、表面から昇華によって氷が失われ、それを補うように氷の底部が凍結する、というプロセスによってゆっくり成長している。そのため、氷の透明度が非常に高くなっている。その結果、太陽からの光が氷内部を透過することができるのだ。氷が凍るときに発生する潜熱と太陽光によって、氷内部には地球内部からの熱の供給量よりもずっと大きな熱流が発生し、それによって氷は理論的に予想される厚さよりもずっと薄くなっているわけである。おもしろいことに、南極ドライバレーの湖では太陽光は氷の底まで透過し、氷の下で光合成生物が活動しているのだ！

原生代後期の太陽は、現在よりも六パーセントほど暗かったとはいえ、赤道域ならば十分な日射量が期待できる。したがって、全球凍結した地球でも薄い氷が形成されていた場所が存在し、氷の下で光合成生物が生き延びていた可能性は十分考えられる。

そのほかにも、現在のハワイやアイスランドのような火山地域においては、地熱によって氷が融けて液体の水が存在していたのではないか、という考えもある。これはいかにもありそうな状況だ。そのような火山地域は当時の地球上のあちこちに存在したことは間違いないはずで、生物はそうした「避難所」で細々と生き延びたのかもしれない。

このように、生物が原生代後期の大氷河時代を生き延びることができた可能性はいくつか考えることができる。ただ、それでもやはり生物の大部分は大きな環境ストレスを受けたであろうことは容易に想像がつく。なにしろ平均気温マイナス四〇℃が数百万年も続くのである。さらに氷が融けた直後には二酸化炭素濃度が〇・一二気圧、気温が六〇℃の世界になるのである。生物は生き延びることができたといっても、実際には一部が細々と生き延びたに過ぎず、大部分の生物は壊滅的な打撃を受けたであろう。この時代の生物はまだ硬い骨格をもたなかったために化石記録としてはほとんど残っておらず、その実態は不明であるが、生物の大絶滅が生じた可能性はきわめて高いと思われる。

四　破局的な地球環境変動と生物の大進化

カラハリ・マンガン鉱床

じつは、いまから約二二億二〇〇〇万年前の原生代前期においてもスノーボールアース・イベントが生じたと考えられている。当時の氷河堆積物が低緯度で形成された証拠が、南アフリカ共和国で発見されたのだ。その氷河堆積物は「マクガニン・ダイアミクタイト層」と呼ばれる地層なので、マクガニン氷河時代と呼ぶことにしよう。発見したのは、やはりカーシュビンクらの研究グループだった。

二二億年前と聞いて、その時期には大気中の酸素濃度が急増したのではなかったか、ということに気がついた読者はいるだろうか。じつは、この時代はまさに地球環境が還元的な環境から酸化的な環境へと急激に遷移した大酸化イベントと称される時代に相当しているのである。炭素同位体比の正異常がみられたのは、二二億二〇〇〇万〜二〇億六〇〇〇万年前だった。まさに、スノーボールアース・イベント直後ではないか！

じつのところ、低緯度氷床の証拠が発見された南アフリカ共和国では、氷河堆積物のすぐ上に、非常にめずらしい堆積物が形成されている。それは、「カラハリ・マンガン鉱床」と呼ばれているものだ。マンガンは鉄と同じように二価だと水溶性で海水に溶存できるが、酸素があると酸化されて二酸化マンガンとして沈殿してしまう。酸素濃度が低い地球史前半においては、海水中に溶存していたと考えられるが、酸素濃度の急増によって、酸化沈殿したのだと考えられる。

その、地球史上最初の大規模なマンガン鉱床が、低緯度氷床が形成された原生代前期のマクガニン氷河時代直後に形成されているのである。これはいったいなにを意味するのだろうか？

すぐに思いつくのは、縞状鉄鉱床の形成と同じシナリオである。すなわち、全球凍結状態において海底熱水系から放出された二価のマンガンは、海洋深層水中に蓄積されていた。それが海洋を覆っていた氷が融けるとともに表層に湧昇してきて、酸素と結びついて大量に酸化沈殿することで、マンガン鉱床が形成された、というものである。しかしながら、原生代後期とは状況が異なることに注意が必要である。前述のように、原生代前期のこの時期は、ちょうど大気中の酸素濃度の急激な増加が生じたころであるため、全球凍結が終わった直後の大気中に十分な量の酸素があったかどうか、きわめて微妙なタイミングなのである。

シアノバクテリア誕生が全球凍結の原因か

ここでカーシュビンクらは、とてもおもしろいシナリオを考えた。それは、最初の酸素発生型光合成生物であるシアノバクテリアの誕生が、このときの全球凍結の原因だった、というものである。

第3章で述べたように、大気中の酸素濃度が低い時代には、メタン菌の活動によってメタンが大量に生産されており、メタンの温室効果によって地球は温暖な状態を保っていた。このような状況は、大気中に酸素が放出されることによって終わりを告げることになる。つまり、酸素発生型の光合成生物が出現し、大量の酸素を大気中に放出しはじめると、メタンは急速に酸化されて消失する。その結果、なにが起こるかは容易に想像がつくだろう。すなわち、大気の温室効果が急速に失われるために、地球は全球凍結に陥る、というわけである。これが原生代前期のスノーボールアース・イベントの原因だったのかもしれない。

しかしながら、前述のように、酸素の放出はそれより前から生じていた可能性もある。したがって、別の可能性としては、シアノバクテリアはそれ以前に出現していたが、発生した酸素はさまざまな還元物質の酸化によって消費され、大気中にはほとんど蓄積できないでいたとも考えられる。酸素と還元物質の収支の変化によって、過剰分の酸素が大気中に放出されるようになったのが、まさにこのときの全球凍結直前なのではないか、というわけである。

一方、スノーボールアース・イベントが終わって氷が融け始めると、シアノバクテリアの活動が再開する。全球凍結状態においては、海底熱水系から放出された鉄やマンガンが海洋深層水中に蓄積することを述べたが、リンも深層水中に蓄積する。リンは生物にとって必須の元素である。それが、全球融解とともに海洋表層へ湧昇してくる結果、シアノバクテリアが爆発的に繁殖する。すると、大量の酸素が生産され、湧昇してきた鉄やマンガンはその酸素と結合して酸化沈殿する。これが、カラハリ・マンガン鉱床の成因ではないか、とカーシュビンクらは考えたのである。

このことは、スノーボールアース・イベント直後に、大気中の酸素濃度が増加した可能性を示唆している。つまり、両者には因果関係があるのではないかというのだ。前述のように、約一九億年前には最古の真核生物の化石が発見されているが、これは地球大気が酸素を含むようになった結果ともいえる（図6－2）。

もしこれが本当であれば、生物進化と地球環境とが互いに影響し合って進化してきたということになる。このような関係を、「地球と生命の共進化」と呼ぶ。シアノバクテリアの出現によって地球が全球凍結し、全球凍結したことによって大気中の酸素濃度が増加し、その結果として真核生物が出現したということになるからだ。もし地球環境と生命がそのように互いに影響を与え合いながら進化してきたのだとすると大変おもしろい。実際、スノーボールアース・イベント後の生物進化に関して、ほかにも大変興味深いことがわかってきた。

六億年前の多細胞生物化石

一九九八年、世界に衝撃を与えた大発見があった。中国南部には、原生代末期の例外的に保存状態のよい化石群が産出する「ドウシャントゥオ層」と呼ばれる地層がある。この地層から「動物の胚（卵割中の受精卵）」と考えられる、サブミリメートルサイズの化石が発見されたのである。それも、さまざまな卵割段階のものがたくさんみつかったのだ。これは明らかに「多細胞動物」のものだと考えられる。年代は約六億年前だとされた（図6－2）。

この世紀の大発見は、大きな論争を呼んだ。これは多細胞動物の胚化石ではなく、巨大硫黄酸化細菌の化石ではないか、という異論もでたが、少なくとも一部は明らかに多細胞動物の胚の化石だと反論された。研究者の多くは、これは胚化石であろうと考えているようだ。

生物は、もともとひとつの細胞から成り立っていた。バクテリアなども、そうした単細胞生物である。しかし、やがて細胞同士が連携し合って、複雑な機能を獲得するようになった。多細胞生物の誕生である。とりわけ、哺乳類、爬虫類、両生類、鳥類などを含む多細胞動物の起源は、生物進化においても重要な分岐点のひとつといえる。

動物の起源をたどると、カンブリア紀における動物の爆発的な多様化にいきつく。これは「カンブリア爆発」として知られていることはすでに述べた。いまから約五億年前、現存するすべての動物門が突然出現したのである。このときいったいなにが生じたのかはよくわかっておらず、地球史研究における最重要課題だといえる。

しかし、さらにそれをさかのぼること数千万年前には、「エディアカラ化石生物群」と呼ばれる最古の大型生物化石が産出することが知られている。約五億八〇〇〇万年前のことである（図6－2）。エディアカラ化石生物群は、現在見られないような不思議な形態をした生物が多く、現世生物の系統とは関係のない絶滅種であるという考え方もある。しかし最近では、少なくともその一部は海綿動物や刺胞動物、真正後生動物、左右相称動物などであろうと解釈されている。つまり、エディアカラ化石生物群の一部は必ずしも絶滅種ではない可能性がある。

こうした大型生物は、もちろん多細胞動物であると考えられているが、さらにそれをさかのぼると、先ほどの胚化石にたどり着くのである。その最古の胚化石は六億三二五〇万年前のものだという。なんと、最後のスノーボールアース・イベントであるマリノアン氷河時代（約六億三九〇〇万～六億三五〇〇万年前）の直後である。スノーボールアース・イベント直後に多細胞動物が出現したのだろうか？

生物大進化の要因はなにか

多細胞動物の分岐年代は、分子時計と呼ばれる方法によって推定されている。これは、生物のDNAの塩基配列やタンパク質のアミノ酸配列の時間変異率を一定と仮定し、異なる生物の系統関係や分岐年代を推定する方法である。その結果によれば、動物、植物、および菌類は約一〇億年前に共通祖先から分岐したとされる。つまり、化石記録よりもさらに前であるばかりか、原生代後期のスノーボールアース・イベントが生じるよりも前だったということになる。しかし、多細胞動物がそのように過酷な地球環境変動を生き延びたとは到底思われない。この問題は、非常に大きな議論になっている。

ある研究によれば、分子時計による多細胞動物の分岐年代を約六億年前まで遅らせることは可能なようである。もしそうであれば、化石記録と調和的な結果となり、多細胞動物は原生代後期のスノーボールアース・イベントが終わってから出現した、ということになる。その場合、いったいなにが生物の大進化を促したのだろうか。

生物圏が破局的なダメージから回復する過程では、このような大きな進化が促されるということが十分考えられる。しかしそれに加えて、原生代前期における真核生物の出現と同じように、スノーボールアース・イベントがもたらした大気中の酸素濃度の増加が、そのような生物進化を促す直接の原因となった可能性が高いのではないだろうか。大気中の酸素濃度は、約二二億年前に急激に増加した後、約六億年前にも急激に増加したことが以前から認識されていたのだが、そのどちらもスノーボールアース・イベントと関連があるのではないか、ということが疑われるのである。すなわち、スノーボールアース・イベントによって生物の大絶滅が生じるとともに、大気中の酸素濃度が増加することによって生物の大進化が促されたのかもしれないのだ。

スノーボールアース・イベントによって生物の大進化が促されたのがもし本当だとすれば、逆説的ではあるが、生物の進化には破局的な地球環境変動が必要だった、ということになるのかもしれない。

第7章 恐竜絶滅を引き起こした小惑星衝突

一　小惑星衝突説

恐竜はなぜ絶滅したか

恐竜はどうして絶滅したのだろうか。私が小さいころ、子ども向けの科学雑誌にはいろんな説が紹介されていた。気候が寒冷化して食料不足に陥ったという説、伝染病が蔓延したという説、太陽系の近くで超新星爆発が起こったという説などなど。しかし、いまでは恐竜が絶滅したときになにが起こったのか、まさに子どもでもよく知っている。

小惑星が地球に衝突して恐竜が絶滅したというセンセーショナルな仮説が登場したのは、一九八〇年のことだ。第2章で紹介したアメリカの物理学者ルイス・アルヴァレズとその息子の地質学者ウォルター・アルヴァレズらの論文が『サイエンス』に発表されたのだ。その後、一〇年以上にわたる大論争が巻き起こった。

ウォルター・アルヴァレズらは、中生代白亜紀と新生代第三紀（現在は古第三紀と呼ばれる）の境界にあたる地層を調べていた。当時は、白亜紀を表すドイツ語の頭文字Kと第三紀を表す頭文字Tを取って、K／T境界と呼ばれていたが、前述のように地質時代の改訂に伴い、現在ではK／Pg境界と呼ばれるようになっている。

恐竜は白亜紀末に絶滅した。恐竜だけではない。中生代の海洋において大繁栄したアンモナイト類や、海洋表層に生息する浮遊性有孔虫や石灰質ナンノプランクトン（鞭毛藻類など）の大部分も同時に絶滅した。種のレベルで最大約七五パーセントの生物が絶滅したといわれている。いったい白亜期末になにが起こったのか。

世界中に分布するK／Pg境界には、どこでも数ミリメートルから一センチメートル程度の薄い粘土の層がはさまっていた。白亜紀が終わって古第三紀が始まる際にこの粘土層が堆積したのだ。この粘土層はなにを意味しているのだろうか。たとえば、白亜紀の終わりから古第三紀の始まりまでのあいだに非常に長い時間が経過していたのだとすると、生物の絶滅はだんだん起こったということになる。しかし、その時間が短ければ、絶滅は一瞬だったのかもしれない。

イリジウムの異常濃集

この問題を調べるため、息子のウォルターは父親のルイスに相談し、白金属元素の一種であるイリジウムの含有量を調べてみることにした。白金属元素は鉄と親和性の高い元素であり、地球表層では著しく枯渇している。そのほとんどは、地球形成期に中心核（コア）が形成された際、鉄と一緒に地球の中心部へ取り去られてしまったと考えられている。したがって、地球表層のイリジウムの多くは、地球外からもたらされたものだと考えられる。宇宙塵は定常的に地球に降り注いでいると考えられるので、地層中のイリジウムの含有量から地層の堆積時間を推定することができるのではないかと考えたのだ。

　彼らはイタリアのグッビオ（第5章でも紹介した町）の近くに露出するK／Pg境界を含む地層から岩石試料を採取して分析を行った。するとイリジウムの含有量は、K／Pg境界の粘土層において急激に高い値を示すことが明らかになった。これほどのイリジウムの濃集はまったく予想外だった（図7-1）。

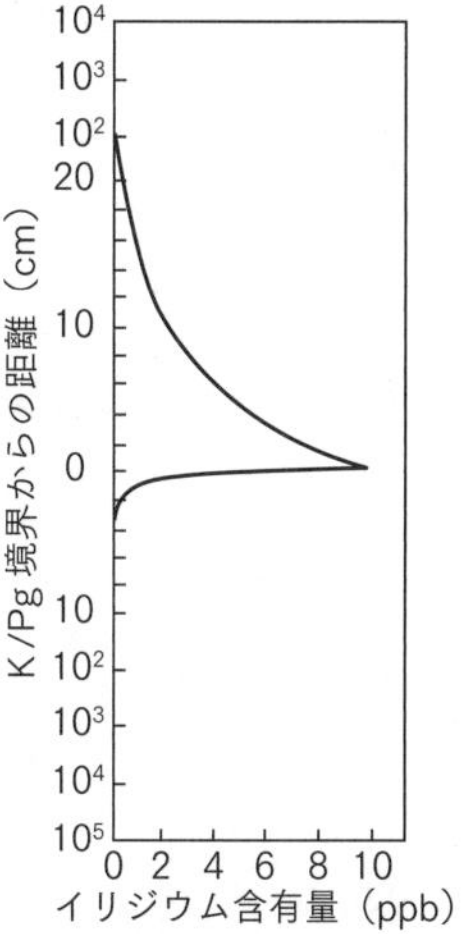

図7-1　K/Pg 境界におけるイリジウムの濃集
Alvarez et al. (1980) に基づく。

　このようなイリジウムの異常な濃集は、地球に小惑星か彗星が衝突して大量のイリジウムが持ち込まれた結果ではないか、という可能性が浮上した。イリジウムの異常濃集は、イタリアだけではなくデンマークやスペインにおけるK／Pg境界層でも確認された。

イリジウムの濃度から予想される衝突天体のサイズは、直径約一〇キロメートルというものだった。そのような巨大な小惑星が地球に衝突すると、直径約二〇〇キロメートルもの巨大衝突クレーターが形成されるはずである。しかし、約六六〇〇万年前という年代値を示す巨大衝突クレーターは当時知られていなかった。小惑星が地球に落下してきたとすると、およそ七〇パーセントの確率で、海洋域において衝突が起こる。海底はプレート運動によって時間とともに移動し、やがて海溝において地球内部へ沈み込んでしまうため、六六〇〇万年も前に形成されたはずの衝突クレーターの存在は、すでに地上からは抹消されている可能性も高かった。

彼らの仮説に対しては、一九八〇年代を通じて賞賛と批判が飛び交った。マスコミはこの大胆で魅力的な仮説を盛んに騒ぎ立てたが、古生物学者はこのような「天変地異説」には批判的だった。彼らは、それまでの研究の積み重ねから、恐竜やアンモナイトの絶滅がK／Pg境界よりもずっと前から徐々に起こっていたと考えていたからだ。

しかし、一九九一年にアリゾナ大学のアラン・ヒルデブランドらにより、メキシコのユカタン半島の地下に眠る直径一八〇キロメートルの円形構造が衝突によるものであること、その形成年代がまさにK／Pg境界におけるものであることが突き止められた。また、クレーター内部とメキシコに近いハイチ共和国で発見された衝突起源と考えられるガラス物質の化学組成と形成年代がほぼ同じであることも明らかになった。この結果、ほとんどの研究者が小惑星衝突説を支持するようになった。

チクシュルーブ・クレーター

六六〇〇万年前のユカタン半島は、亜熱帯域における炭酸塩プラットフォームと呼ばれる、現在のバハマのような浅い海の環境にあったため、衝突後も炭酸塩鉱物が堆積し、クレーターの上を覆うように約二〇〇〇メートルも埋め立ててしまった。その結果、衝突クレーターが地下に埋没していたために発見が難航したのだ。

それでは、そのような地下に眠る衝突クレーターをいったいどうやって発見したのかといえば、ユカタン半島のメキシコ湾側には大油田が存在するため、重力や地磁気などの地球物理探査が行われており、陸上掘削による岩石試料も得られていたおかげであった。ヒルデブランドらは、そのようなデータや岩石試料を分析した結果、これがK／Pg境界において形成された衝突クレーターであることを突き止めたのである。

衝突クレーターの中心部は、ユカタン半島北部のチッチュルブという小さな村の付近に位置することから、チクシュルーブ・クレーターと名付けられた（チクシュルーブというのは英語読みの発音）（図7-2）。丸い衝突クレーターの北側半分は海洋域に、南

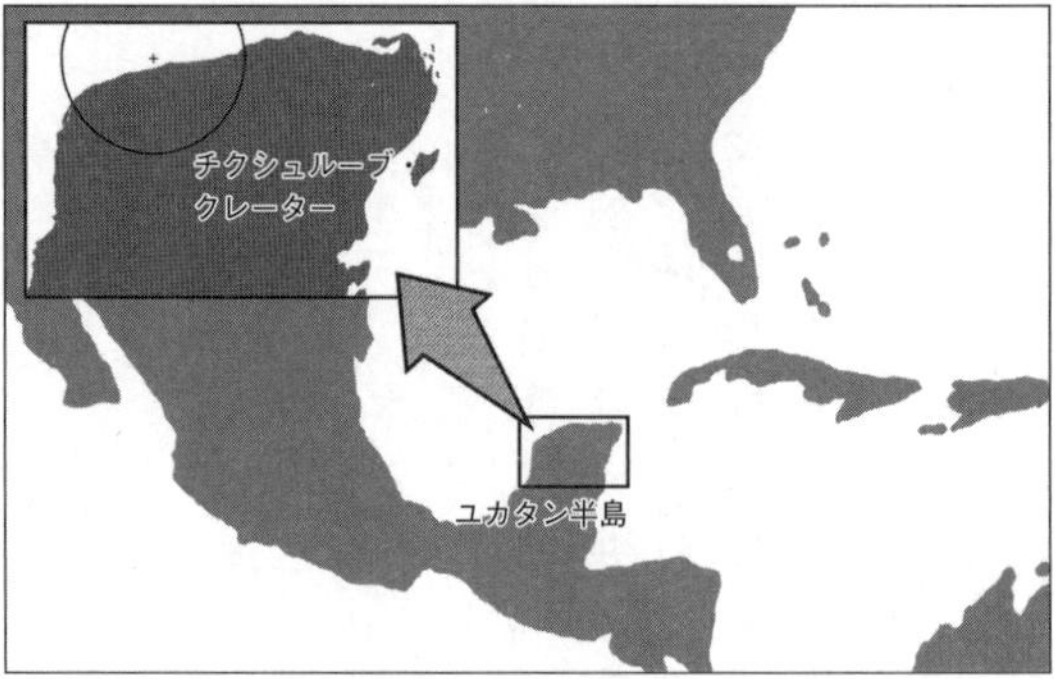

図7-2　チクシュルーブ・クレーターの位置
メキシコ・ユカタン半島北部に中心がある。

側半分はユカタン半島にあった。直径一八〇キロメートルというのは、地球上の衝突クレーターとしては最大級のもののひとつである。

私たち東京大学の研究グループ（代表は松井孝典）は、チクシュルーブ・クレーター発見直後に、ユカタン半島において衝突クレーター周辺の地球物理探査を行った。地元でも、恐竜を絶滅させた衝突クレーターの発見はよく知られていた。調査のため、ユカタン半島を東西に何往復もしたが、なんといっても印象的だったのは、ユカタン半島全体が真っ白い石灰岩に覆われどこまでも平らであるということだ。

調査地ではマヤ人の末裔《まつえい》の人びとにも出会った。彼らは、自分たちが偉大な文明を築いたマヤの血をひいていることに強い誇りをもっており、体は小さいが勇敢で力が強い、という自慢話をよく聞かされた。

ところでそのマヤ文明は、じつはチクシュルーブ・クレーターの形成と深い関係があるという話をご存じだろうか。古代文明のほとんどは大河川の周辺で発生しているのはよく知られている。しかし、ユカタン半島には河川がない。そこで彼らは、ユカタン半島のあちこちに点在する「セノーテ」と呼ばれる泉を中心に都市国家を築き上げたのだった。有名なチチェン＝イツァ遺跡にも、聖なる泉としてのセノーテがある。セノーテとは、石灰岩が雨水などで溶食されて形成された天然の井戸で、いわゆるドリーネと呼ばれる地形のことだ。

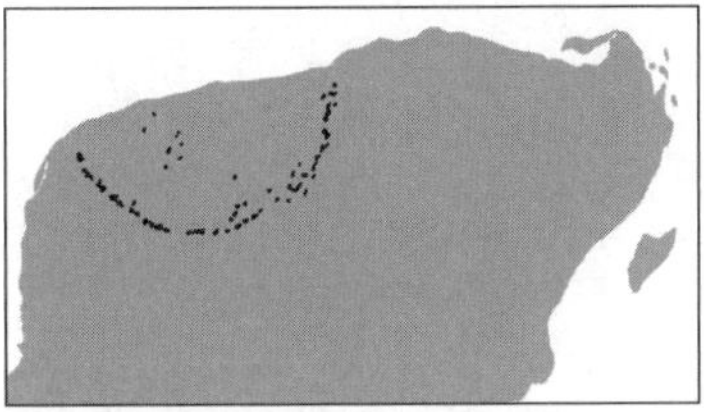

図７-３　チクシュルーブ・クレーター付近のセノーテの分布図
チクシュルーブ・クレーターに沿って，円形に分布していることがわかる。

大変おもしろいことに、この無数のセノーテを地図上にプロットすると、ユカタン半島北部に見事な半円を描く（図７-３）。じつは、セノーテはチクシュルーブ・クレーターの縁に沿って分布していたのだ！

この理由はよくわかっているわけではないが、おそらく地下の衝突クレーターの地形的な影響で、その上に堆積した石灰岩に断層が形成され、そこが水の通り道になったのではないかと考えられている。その結果、衝突クレーターの縁にあたる領域が選択的に溶け、セノーテが形成されたのではないか。セノーテは、地下水路によって互いにつながり、ネットワークを形成していると考えられている。

恐竜を絶滅させた小惑星衝突が起こってから六六〇〇万年後、ユカタン半島にはマヤ文明が栄えた。しかしそのマヤ文明も滅び、現代人は、一説によるとK／Pg境界の衝突によって形成された地層に起因して蓄積したという石油を採掘している。歴史の不思議さを感じずにはいられないではないか。

二　ストレンジラヴ・オーシャン

小惑星の衝突はどんな現象か

天体衝突の際になにが起こるのかについては、惑星科学の分野でこれまで数多くの研究がある。衝突の物理に関する理論研究や室内実験など、いろいろな研究が行われている。衝突によって形成される衝突クレーターについても、月面や火星表面にみられる衝突クレーターを中心に、固体表面をもつ天体の画像解析による膨大な研究がある。

天体衝突は爆発現象である。放射能こそ出さないものの、核爆弾が爆発するのとまったく同じようなことが起こる。たとえば、衝突直後には、「衝突蒸気雲」と呼ばれるキノコ雲が発生し、空高くぐんぐん上昇していく。それと同時に、掘削された地面からは、「イジェクタ」と呼ばれる大量の破片がカーテン状に放出される。そして、衝突地点には巨大な陥没地形である衝突クレーターが形成される。

一九八〇年代はまだ冷戦の真最中で、核戦争の恐怖が現実的な問題であった。第3章でも紹介したカール・セーガンは、核戦争が起これば、核爆発によって大量の塵やエアロゾルが大気上空に巻き上げられ、それが地球全体を覆って日射を遮る結果、人類は絶滅することになる、と結論づけた。「核の冬」と名付けられたこのシナリオは、核戦争に勝者は存在しないことを明確に突きつけた、大変意義深い研究だった。

直径約一〇キロメートルもの小惑星が地球に衝突したらどうなるか。核の冬との類推からも明らかであろう。衝突によって巻き上げられた塵が地球全体を覆うことによって、日射が遮られる。植物の光合成活動が停止し、植物を食べる小動物が死に絶え、小動物を食べる大型動物も、食物連鎖の頂点に立つ大型肉食恐竜も絶滅を免れない、ということになる。このシナリオは、「衝突の冬」と名付けられ、小惑星衝突による恐竜絶滅の説明として広く知られるようになった。実際、これを支持するようにみえる証拠がある。

生物ポンプの停止

当時、生物種の絶滅は陸上だけで起こったのではない。海洋においても多くの生物種が絶滅した。しかし、絶滅した生物種には共通の特徴があった。主として海洋表層に生息している生物が選択的に絶滅しているのだ。深海底に生息している底生生物はほとんど影響を受けていない。このことは、海洋表層における一次生産者である植物プランクトンが衝突の冬によって絶滅し、それを食べる動物プランクトンが絶滅し、というような海洋表層における食物連鎖に関わる生態系が大きなダメージを受けたことを反映した結果ではないかと考えられる。

そのことを裏付ける大変興味深い別の証拠を紹介しよう。K／Pg境界における海水の炭素同位体比の挙動である。海洋内部では、海洋表層で光合成を行う生物によって炭素同位体の分別効果が生じ、軽い炭素一二が生物によって優先的に固定されるため、海洋表層水の炭素同位体比は著しく大きな値になっている。ところが、そうした生物の遺骸や糞は海洋内部を沈降し、沈降するそばからどんどん酸化分解していく。そのため、海洋中層水における炭素同位体比は著しく小さな値になっている（図7‐4）。

このとき、生物にとって必須元素であるリンなどの栄養塩も同様の挙動をする。海洋表層水中の栄養塩は、生物によってほとんどすべて使われてしまうので、その濃度はゼロに近い。しかし、海洋中層水〜深層水においては有機物の分解によって栄養塩が放出されるので、その濃度は非常に高くなっている。

このような海洋における物質の鉛直構造は、海洋表層における生物の光合成活動と、生物の遺骸や糞が沈降しながら酸化分解を受ける、というプロセスによって形成されたものである。そこで、このプロセスは「生物ポンプ」と呼ばれている。

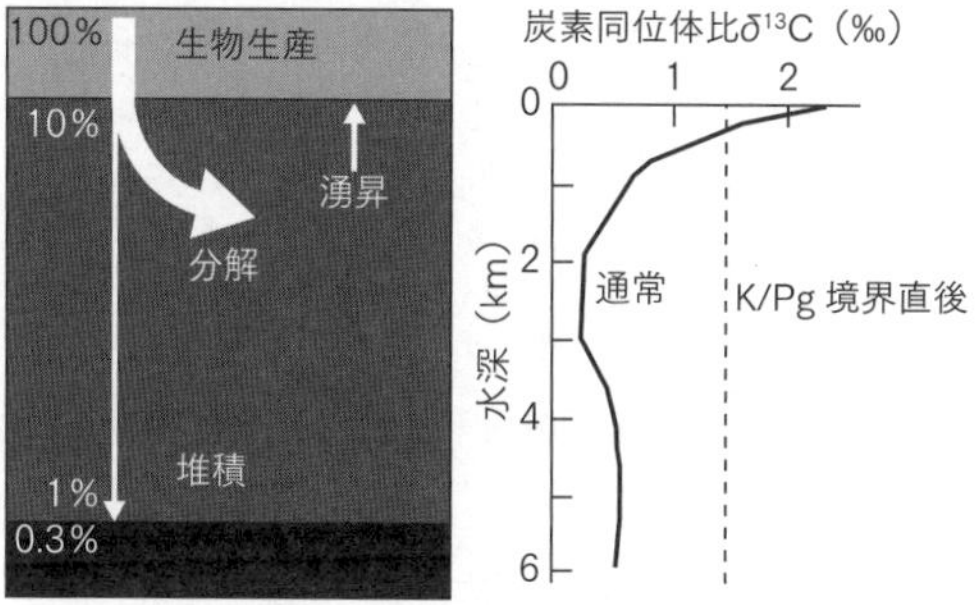

図７-４　生物ポンプと海洋内部における炭素同位体比

（左）海洋表層では生物の光合成活動によって有機物が生産されるが，海洋の中層付近で大部分が分解されてしまう。これによって，炭素やリンなどの栄養元素は海洋の中～深層付近に蓄積する。この仕組みを生物ポンプという。（右）生物ポンプによって，海洋内部の炭素同位体比は中～深層付近で軽く（δ^{13}C という指標でみた場合には低い値に）なっている（実線）。これは，生物は光合成の際に軽い炭素同位体をより多く取り込むためである。ところが，K/Pg 境界直後においては，海洋内部での炭素同位体比は海洋表層と深層とで差がなくなっているようにみえる（点線）。このことは生物ポンプが停止した可能性を示唆している。

さて、K／Pg境界における海洋環境の変化を調べるために、当時の海底堆積物から有孔虫の殻を取り出して、その炭素同位体比が分析された。有孔虫は石灰質の殻をつくる原生生物で、海洋表層に生息している浮遊性のものと、深海堆積物表層に生息する底生のものがいる。浮遊性有孔虫の一部も、その死後に沈降して、深海底に降り積もっている。そこで、両者を顕微鏡下で識別して、別べつに炭素同位体比の測定を行うことで、海洋の表層と深層の水それぞれにおける炭素同位体比の変化を知ることができるわけである。

するとどうだろうか。K／Pg境界直前の白亜紀末期においては、浮遊性有孔虫と底生有孔虫の炭素同位体比には大きな差が存在する。これは現在と同じ状況で、生物ポンプが働いていることを意味している。ところが、K／Pg境界直後には、両者は急激に同じ値になってしまうのである（図7-4右）。これは、海洋における物質の鉛直勾配が消失したこと、すなわち生物ポンプが停止したことを意味する。

海洋における大量絶滅

生物ポンプが停止したということは、海洋表層における生物の光合成が停止したことを意味する。光合成が停止すれば、食物連鎖によって海洋表層の生態系がすべてダメージを受けることになる。これはまさに、陸上で恐竜が絶滅したメカニズムだと考えられているものと同じであり、それが海洋においても起こったことを如実に示すものである。このデータをはじめて示したスイス連邦工科大学のケネス・シューらは、このような状況を、「ストレンジラヴ・オーシャン」と呼んだ。

「ストレンジラヴ」と聞いてピンとくる読者は相当な映画通であろう。『Dr. Strangelove』という原題の非常に有名な米国映画があるのだ。邦題は『博士の異常な愛情』（一九六三年制作）という。副題として「または私は如何にして心配するのを止めて水爆を愛するようになったか」と続く。巨匠スタンリー・キューブリックの代表作のひとつで、映画『ピンクパンサー』シリーズのクルーゾー警部役で有名な名優ピーター・セラーズが一人三役に挑戦したことでも知られる。米ソの冷戦下における偶発的な核戦争の恐怖を描いたブラック・コメディである。最終的には「皆殺し兵器」によって人類を含む地球上のすべての生物が絶滅することを暗示させるエンドロールで終わる。

　地球上の生物が絶滅すれば、海洋の生物ポンプは停止し、海洋内部における物質の鉛直構造も消失するであろう。これこそまさに、K／Pg境界直後に見られる状況ではないか！　これをストレンジラヴ・オーシャン（ストレンジラヴ博士の海）と名付けたセンスには恐れ入る。

　ちなみに、ストレンジラヴ博士は、明らかにナチスと関わりのあるドイツ生まれの米国大統領科学顧問という設定で、いわゆるマッド・サイエンティストの典型として描かれている。映画の中では最後に登場して狂気の演説をするだけなのだが、そのあまりに強烈なキャラクターとそれを演じたピーター・セラーズの圧倒的な「怪演」によって、この映画の題名にまでなったといういわくつきである。

　ストレンジラヴ・オーシャンと聞けば、おそらくほとんどの米国人研究者はピンとくるのだろうが、残念ながら日本人研究者はそうはいかない。そのため、以前の教科書などを見ると、「偏愛海洋《ストレンジラヴ・オーシャン》」などという意味不明の訳語が載っていたりもするが、それはご愛敬というものであろう。

さて、ストレンジラヴ・オーシャンのその後であるが、少なくとも二〇〇万〜三〇〇万年程度は大量絶滅の影響が続くことが、炭素同位体比の変化からわかる。つまり、生物が大量絶滅後にその生産性と多様性を回復する過程には長い時間がかかるのだ。

衝突の冬は起こったのか

陸上においては、恐竜のような大型動物だけでなく、多くの植物も絶滅した。世界中のK／Pg境界層には、「すす」が含まれていることが知られている。これは森林火災によって陸上植物が燃焼したものだと考えられている。その量から推定して、当時の陸上植物の大部分を焼き尽くすような大規模な森林火災だったのではないかと考えられている。すすもまた日射を遮るため、直接的・間接的に生物の絶滅につながったものと考えられる。

K／Pg境界直後の地層中には、「ファーン・スパイク」（シダの胞子の増加）と呼ばれる特徴が知られている。それまでの多様だった植物の花粉化石が消え、シダ植物に由来する胞子化石の増加がみられる、というものである。植生が回復する際、まずシダ植物が台頭するということは、一九八〇年に米国のセントヘレンズ山が噴火した直後などにもみられる一般的な性質だと考えられている。

衝突の冬仮説はこれらの証拠と整合的であるが、一方では、大気上空へと舞い上がった塵が、長期間大気を覆うことは困難であることもわかってきた。衝突の冬仮説が提唱された当初、真っ暗闇は少なくとも数年間は続くと考えられたが、実際には数カ月程度で光合成が可能なほどの状態にまで回復するようなのである。だとすると、小惑星衝突によってなぜ地球上の生物が大量絶滅したのかの説明がつかなくなる。

一九九一年に生じたフィリピンのピナトゥボ火山の噴火は、二〇世紀における最大規模の火山噴火だとされている。このとき、成層圏に大量の硫酸エアロゾルが巻き上げられた結果、日射量が最大数パーセントも減少し、地球全体の気温が〇・四℃も低下した。だとすれば、K／Pg境界においても硫酸エアロゾルが発生した結果、日射が著しく遮られた可能性はないのだろうか。

じつは、硫酸エアロゾルはK／Pg境界での衝突によって多量に発生した可能性がある。K／Pg境界において小惑星が衝突した地点は浅い海底だったことは述べたが、直下の海底堆積物には硫酸塩鉱物を含む蒸発岩があったことがわかっているのだ。これらは、石灰岩などとともに衝突によって溶融または蒸発したと考えられる。ただし、それによって十分な量の硫酸エアロゾルが発生したか、またその寿命が大量絶滅をもたらすほど長かったか、などについては議論があり、まだ必ずしも決定的というわけではない。

このほか、小惑星が大気圏に突入すると衝撃波が発生する。それによって、大気の主成分である窒素の一部が一酸化窒素となり、オゾン層を破壊するとともに硝酸として地表に降り注いだ可能性がある。衝突地点に存在していた硫酸塩鉱物の蒸発によって、硫酸の雨も地表に降り注ぐ。こうした酸性雨の影響で、海洋表層に生息し石灰質の殻をつくる浮遊性有孔虫の石灰質の殻が溶解したと考えると、シリカの殻をつくる放散虫に比べて有孔虫が選択的に絶滅したことの説明がつくのではないか、という主張もあるが、その真偽は定かでない。

いずれにせよ、これだけいろいろな証拠がそろっているにもかかわらず、小惑星衝突と大量絶滅の直接的な因果関係が必ずしもはっきりわかっているわけではないことは驚きであり、残念でもある。しかし、研究すべき重要な課題が残されているという意味において、今後の楽しみがまだ残っているともいえる。

三　海洋衝突

衝突津波

映画『ディープ・インパクト』(一九九八年制作)は、地球に衝突する軌道をもつ巨大彗星が発見されたときに、人類がどのような行動をとるかを描いた作品である。核兵器によって彗星を破壊しようとする発想は、同じ年につくられた映画『アルマゲドン』(一九九八年制作）とまったく同じである。実際には、彗星はとても空隙率が高くてスカスカな状態なので、核爆発のエネルギーを吸収してしまうために、そんなにうまい具合にはいかないということはよく知られているが、ハリウッド映画は単純明快さがウリなので、真面目なことをいってみても仕方ないかもしれない。

ここで注目したいのは、『ディープ・インパクト』では二つに分裂した彗星の一方が大西洋に衝突することである。すなわち、K／Pg境界イベントと同様、「海洋衝突」が生じるのだ。海で衝突が起こると、巨大津波が発生する。映画ではニューヨークが津波にのみこまれるだけでなく、さらに内陸部にまで水が押し寄せてくるさまが描かれた。

これは、実際にはK／Pg境界において生じた衝突津波に着想を得て映画化されたものであろう。K／Pg境界においては、津波によって形成されたと考えられる堆積物（津波堆積物という）が、メキシコ湾からカリブ海にかけてたくさん存在しているのだ。

たとえば、メキシコの北東部の海岸線沿いには、当時の津波によって形成されたと考えられる津波堆積物がたくさん分布している。それらは厚さ数メートルで、津波の押し波と引き波が数回繰り返す様子が観察される。堆積物の構造から、波の方向はまさにユカタン半島を向いていることもわかっている。

図7-5　キューバに見られる深海性津波堆積物
厚さは全部で100メートル以上にもなる。

深海性の津波堆積物

私たち東京大学の研究グループ〔松井孝典（当時）、多田隆治（当時）、後藤和久、清川昌一（九州大）ら〕は、一九九七年からキューバにおいてK／Pg境界津波堆積物の調査を行っている。キューバは衝突地点からもっとも近い場所のひとつであり、衝突による影響を調べるには大変好都合なのである。

調査の結果、層厚が数メートルから数百メートルにも及ぶ「深海性」の津波堆積物を複数発見した（図7-5）。通常、津波堆積物と呼ばれているものは「浅海性」である。つまり、ほとんどは浅い海底で形成された堆積物なのだ。津波によって陸から運ばれた泥や砂、レキなどが溜まったものが、ふつうの浅海性の津波堆積物だ。

それに対し、深海性の津波堆積物は、それまで知られていた浅海性の津波堆積物とは明らかに違う特徴をもつ。津波が生じると、海洋内部も擾乱《じょうらん》を受ける。津波の通過によって海底堆積物が巻き上げられ、海水が懸濁状態になり、しばらくしてからふたたび堆積するのだ。この結果、ふつうの地層であれば古い時代の堆積物の上に新しい時代の堆積物が順番に堆積しているはずなのに、その部分だけ均質になる。

じつは、これまで深海性の津波堆積物は、ただ一例しか知られていなかった。それは地中海の海底から見つかったものだ。いまから約三五〇〇年前のサントリーニ火山の噴火によって形成されたカルデラの陥没によって生じた津波によるものだと考えられている。その津波堆積物は、均質な特徴から「ホモジェナイト」と呼ばれていた。私たちがキューバで見つけたK／Pg境界の津波堆積物には、ホモジェナイトと同じ特徴が確認されたのだ。さらに、生物の化石を鑑定すると、古い時代の生物化石の上に新しい時代の生物化石が堆積しているのではなく、いろんな時代の化石がごちゃ混ぜになっていることがわかった。このような特徴は、いまでは「K／Pg境界カクテル」と呼ばれている。よくシェイクされたカクテルのように、いろいろな時代の生物化石が混ざっている、というような意味である。

キューバのK／Pg境界津波堆積物には、メキシコの津波堆積物にみられたものと同様に、数回の津波の繰り返しによると考えられる特徴も確認された。面白いのは、最初の波はユカタン半島の方向へ向かうものだったようにみえることである。つまり最初は引き波だった可能性があるのだ。このことは津波の発生メカニズムと深く関係しているはずである。

繰り返された津波

ユカタン半島に直径約一〇キロメートルの小惑星が衝突した結果、巨大地震が発生し（マグニチュードに換算して一三相当という推定もある！）、ユカタン半島の周囲が地滑りを起こして崩壊したとしよう。そのときに発生する津波は押し波だ。

しかし、もし衝突によって形成された衝突クレーターに周囲から海水が流れ込んできて、それがいっぱいになりすぎるとまた押し出されて、というような振動によって津波が繰り返されたのだとすると、最初の津波は引き波になるはずである。私たちは、K／Pg境界の津波はこのようなメカニズムによって生じたものだ、と主張した。

東北大学の今村文彦らとの共同研究による数値シミュレーションの結果、このとき発生した衝突津波の波高は最大で三〇〇メートルにも達し、北米大陸の内陸部三〇〇キロメートルまで進入することがわかった。映画同様の超巨大津波だ。

当初、私たちの主張はまったく受け入れられなかった。衝突クレーターの周囲には「リム」と呼ばれる地形的な高まりが形成されるので、周囲からの水が進入できないはずだ、とされたのである。衝突は地震を引き起こすので、当然ユカタン半島の周囲が大規模に崩れることで津波が発生したのだ、というのが一般的な認識だった。

この問題は、チクシュルーブ・クレーター内部の掘削試料の分析によって決着がついた。衝突の直後、クレーター内部に明らかに水が進入した証拠が得られたのである。しかもクレーター内部の堆積物は、数回の擾乱を繰り返し受けた特徴を示していた。このことは、私たちの考える衝突津波の発生メカニズムから予想されたとおりの結果だった。

天体衝突は当たり前の現象

ところで、映画『ディープ・インパクト』では、分裂したもう一方の彗星を核兵器で破壊することに成功して人類が救われる、というハッピーなエンディングになっている。粉々になった破片が空一面を覆う美しい流星となって降り注ぐラストシーンが非常に印象的であった。

しかし、あのようなことが起こると、地上は大変な状態になることが予想される。大気に突入した破片は、大気との摩擦によって大気を加熱する。そのような破片が大量に降ってくると、大気は高温となり、強い熱放射を地上に向けて放射する。それによって、地表温度は数百℃にまで上昇し、森林は自然発火を起こす可能性があるのだ。前節で述べたK／Pg境界イベント時の大規模な森林火災は、小惑星衝突によって放出された衝突破片の一部や衝突蒸気雲から凝縮した固体微粒子群が大気圏に再突入した際に、まさにこのような現象が起こったためではないか、とも考えられている。地上の大部分の森林が消失したことは、このように考えると理解することができるからだ。事実は小説より奇なり、である。

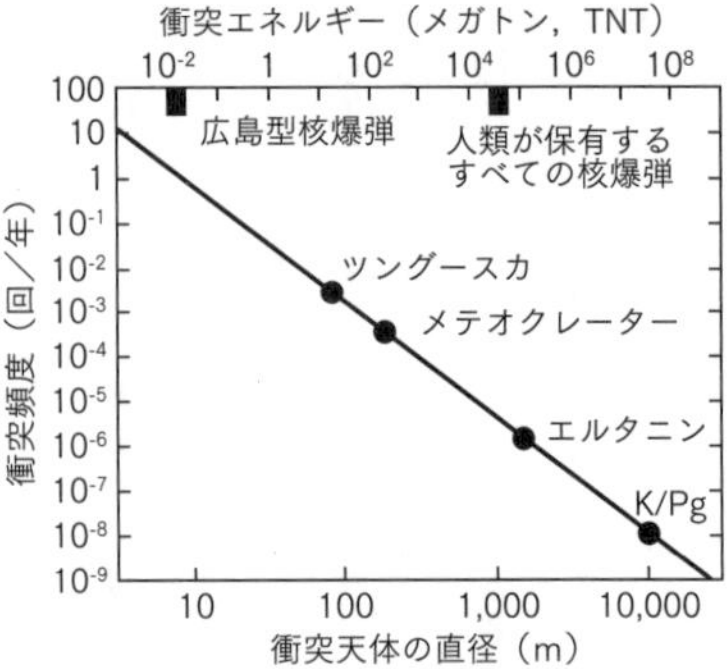

図7-6　天体衝突の頻度

K/Pg境界における衝突を含む，いくつかのよく知られている衝突イベントをプロットしたもの。大きな衝突はたまにしか生じないが，小さな衝突ならば頻繁に生じ得ることがわかる。

天体衝突は確率的にいつでも起こる現象である（図7-6）。もちろん、衝突天体は小さいものもあれば大きいものもあり、K／Pg境界イベントで生じたほどの大衝突は滅多には起きない。といっても数億年に一回程度はこのような規模の衝突が生じるという推定もあるので、地球史的にみればしばしば起こっているといえなくもない（ただし、そのような頻度で本当にこのような規模の衝突が起こっているという証拠は、少なくともまだ知られていない）。

当初は、K／Pg境界イベントのような小惑星衝突こそが、繰り返し生じている生物の大量絶滅の原因だと考えられた。しかし、どうやらK／Pg境界イベントのような大量絶滅と結びついた大規模衝突イベントは、少なくとも顕生代には起こっていないようにみえる。ただし、K／Pg境界イベントよりも小さい規模の衝突イベントが生物の絶滅と関係していた可能性については、まだ完全には否定できないが。

ところで、驚くべきことに、広島型原子爆弾級の衝突エネルギー（TNT火薬換算で一五キロトン）をもつ天体の衝突は、毎年数回生じていることがわかっている（図7-6）。といっても、そのような衝突天体のサイズは小さく、大気圏への突入によって大気上空で爆発してしまうので心配はない。しかし、このような背景もあり、破局的な天体衝突イベントが突然生じるという事態を回避するため、地球に衝突する恐れのある天体を監視する活動が行われるようになった。

天体衝突は太陽系において普遍的に生じる現象であり、地球史を通じて頻繁に生じてきたことは間違いない。人類は、その現象の存在に最近になってようやく気がついたばかりである。天体衝突によってどのような地球環境変動が生じ、それが生物圏にどのような影響を与えるのかに関する本当の理解は、まだこれからだといえる。

第8章　そして現在の地球環境へ

一　氷期と間氷期は規則的に訪れるのか

『アイス・エイジ』（二〇〇二年制作）という全編コンピュータグラフィクスの映画をご存じだろうか。時代はいまから約二万年前の氷河期、マンモスやサーベルタイガーなど、現在では絶滅した哺乳類がキャラクターとして登場し、氷河期を生きる姿をコミカルに描いた作品だ。その続編である『アイス・エイジ2』（二〇〇六年制作）では、氷河期末にあちこちで氷が融け始め、大洪水の危機が迫るなか、主人公がたくさんの動物たちと安全な土地を求めて大移動をする様子が描かれている。

これらの映画の舞台は、専門的には「氷期」と呼ばれる時代と、その末期の「ターミネーション」と呼ばれる融氷期である。現在は氷期が終わって少し温暖になった「間氷期」と呼ばれる時代である。間氷期とは、氷期と氷期のあいだに位置する時代という意味で、ということは将来もまた氷期がやってくることが暗に示されている。現在の地球上にも南極大陸やグリーンランドに巨大な氷床が存在していることから、氷河時代に分類されるというのは前述のとおりである。すなわち、氷河時代の中に氷期と間氷期というふたつの気候モードが存在していて、それらが交互に繰り返しているのだ。現在（＝間氷期）は地球史的にみれば決して温暖な時代とはいえず、あくまでも氷河時代の一時期なのである。

酸素同位体比の変動と氷期・間氷期サイクル

図8－1は、海底堆積物中の有孔虫の殻に含まれる酸素の同位体比を分析し、それが過去約八〇万年間にわたってどのように変化しているのかを示したものである。有孔虫の殻は炭酸カルシウムからなり、そこに含まれている酸素の同位体比は海水の組成を反映している。それでは、海水の酸素同位体比の変化は、いったいなにを意味するのだろうか。

酸素には、原子量が異なる三種類の同位体が存在する。原子量が一六の酸素が全体の九九・七六二パーセントを占め、それ以外に原子量一八のものが〇・二〇〇パーセント、一七のものが〇・〇三八パーセントを占める。海水面から水蒸気が蒸発する際、原子量一六の酸素を含む水分子のほうが原子量一八の酸素を含む水分子よりも軽いので、わずかに蒸発しやすい。逆に、雨や雪が降る際には、原子量一八の酸素を含む水分子のほう

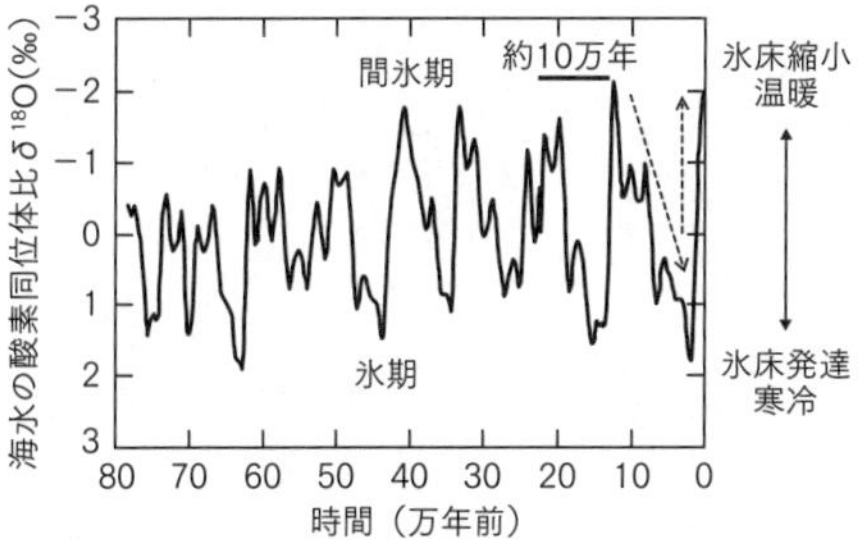

図8-1　過去約80万年間の気候変動と海水の酸素同位体比の時間変化
Imbrie et al.（1984）に基づく。

が原子量一六の酸素を含む水分子よりもわずかに凝結しやすい。その結果、大陸の内陸部で降る雪の酸素同位体比は軽いものの割合が大きくなっている。このことは、大陸に巨大な氷床が形成されれば、海洋には重い酸素同位体がより多く残されることを意味する。すなわち、海水の酸素同位体比が重たいということは、大陸に氷床が発達していることを示唆するのである。

実際には、水分子の蒸発の仕方には温度の効果もあるため、海水の酸素同位体比の変動は水温と氷床量の両方の影響を受けることになるのだが、海洋表層水中に生息する浮遊性の有孔虫と海底に生息する底生有孔虫それぞれの酸素同位体比を調べることなどによって、酸素同位体比の変化の大部分は氷床の発達と縮小を反映したものであることが明らかにされている。

図8-1をもう一度みてみよう。酸素同位体比

の変動は氷床の発達と縮小を表しているわけだが、この繰り返しはサインカーブのように左右対称的なものではなく、のこぎりの歯のように左右非対称的である。つまり、氷床はだんだんと大きく成長していくが、融けるときは急激なのだ。

いずれにせよ、気候は周期的に変動していることが一目瞭然であろう。前述のように、氷河時代には氷期と間氷期という大きくふたつのモードがあり、それらが交互に繰り返されているのだ。これを「氷期・間氷期サイクル」という。また、現在を基準にして一番最近の氷期を「最終氷期」、ひとつ前の間氷期を「最終間氷期」と呼ぶ。ただし、「最終」（the last）というのは「最後の」という意味ではなく「一番最近の」という意味に解釈したほうがよい。氷期と間氷期の繰り返しは、これからも続く可能性が高いからである。

ミランコヴィッチ仮説

図8-1から、氷期と間氷期は約一〇万年という周期で繰り返している様子がわかる。この変動の周期性はどこからくるのだろうか？

じつは、氷期・間氷期サイクルは、地球の軌道要素の天体力学的な変動によって生じている、と考えられている。この考えは、提唱者であるセルビアの地球物理学者ミランコヴィッチの名前を冠して「ミランコヴィッチ仮説」と呼ばれ、その周期的な変動を

「ミランコヴィッチ・サイクル」という。

もう少し具体的にいうと、地球の自転軸の傾きや軌道の離心率（円軌道からのずれの程度）の変動、あるいは地球の歳差運動（自転軸の方向が円を描くように変化する運動で、コマの回転軸が首振り運動するのと同じ現象）などに起因して、地球が受け取る太陽放射の緯度分布や季節的な強弱が変化するのである。これらの変化の周期は、氷期・間氷期サイクルが示すいくつかの特徴的な周期（約二万年、約四万年、約一〇万年など）とよく一致することがわかっている。したがって、こうした軌道要素の変動に起因した日射量変動が氷期・間氷期サイクルの原因であることは、おそらく間違いないと考えられている。

ただし、それだけですべて説明できるわけではない。とくに、氷期・間氷期サイクルでもっとも顕著な一〇万年周期は、日射量変動があまりに小さ過ぎることから、それだけでは説明することが難しい。地球システム内部において変動を増幅させるなんらかの過程が必要であることがわかっている。おそらくそれは、氷床の重みによって、大陸の基盤岩がゆっくりと沈んでいく性質、すなわち氷床の成長に対する固体地球の長期的な応答が重要な役割を果たしているのではないかと考えられているが、まだ完全に理解されているわけではない。

二酸化炭素はどこへいったか

図8-2は、南極氷床を掘削して得られたアイスコア（筒状の氷の試料）に含まれている気泡の成分を分析したデータである。いわば、過去の大気の化石が、氷の中の気泡として残されていたというわけである。その結果、大気中の二酸化炭素濃度の変動は、気候変動とよい相関があることがわかった。二酸化炭素濃度だけではなく、同じ温室効果ガスであるメタン濃度も同様である。つまり、大気中の温室効果ガスの濃度は、氷期には低くなり間氷期には高くなっていたのである。しかも、それが約一〇万年の周期で規則的に変動しているのだ。

氷期・間氷期サイクルが温室効果ガス濃度の変動に同調して起こっていることから、気候変動と温室効果ガスの変動とのあいだに、なんらかの因果関係があることが示唆される。ただし、温室効果ガスの変化が先で気候変動がその結果生じたのか、あるいはその逆なのかは自明ではない。氷が固まって気泡が外気から完全に閉鎖されるまでには時間がかかるため、氷の年代と気泡の年代にズレが生じることに起因した難しい問題があり、両者の因果関係についてはさまざまな議論があるのだ。二酸化炭素濃度の変動は炭素循環の変動によるものだから、気候変動と二酸化炭素濃度変動のあいだにはワンクッションあるということも問題を複雑にしている。しかし因果関係がどのようなものであるにせよ、これらの温室効果ガスの濃度変化が気候変動を増幅していることは間違いな

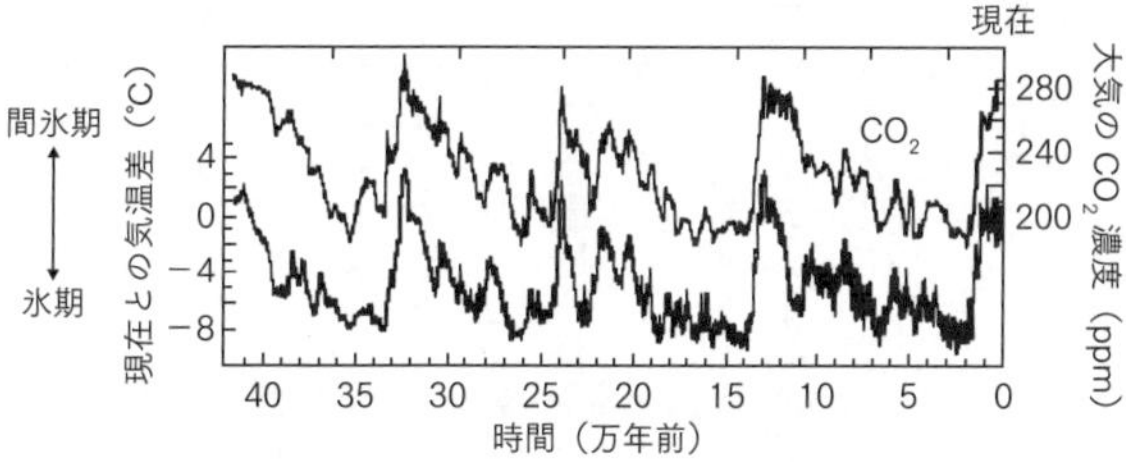

図8-2　過去約40万年間の気候変動

南極氷床の掘削によって得られた氷床コアの分析に基づく。掘削地点の気温（現在を基準とした気温の差）と大気中の二酸化炭素濃度の復元結果。Petit et al.（1999）に基づく。

いだろう。

図8－2をよくみると、大気中の二酸化炭素濃度は間氷期には約二八〇ppm程度、氷期には約一八〇～二〇〇ppm程度となっている。その約八〇～一〇〇ppm分の二酸化炭素はどこへいってしまったのだろうか。二酸化炭素濃度の変動は、炭素循環の変化によってもたらされるはずだが、このような短い時間スケールで大気中の二酸化炭素濃度を変動させるためには、大気の約六〇倍もの二酸化炭素を含む海洋の変動が関与していた可能性が高い。

たとえば、海洋循環が少し停滞したり海洋表層における生物生産性の増大によって生物ポンプが強くなったりすることで、海洋内部に現在よりも多くの二酸化炭素が蓄積され、大気中の二酸化炭素濃度が低下していた可能性は十分考えられる。実際、氷期においては海洋循環が現在より弱くなっていたらしいことがわかっているほか、南大洋（南極大陸を取り囲む海のこと）など一部の海域において生物生産性が増加していたらしいことが、海底堆積物から得られたさまざまなデータによって明らかにされている。それにもかかわらず、大気中の二酸化炭素濃度の変動メカニズムの全貌は、残念ながらまだ完全には明らかになっていない。

いまから約二万年前の最終氷期の最盛期においては、寒冷な気候のために陸上の植生も現在とは異なっており、土壌中に蓄えられていた炭素の量は現在より六五〇ギガトンも少なかったという推定もある。このことは、その分の二酸化炭素が大気や海洋に放出されていたことを意味する。つまり、その分の二酸化炭素も含めて消費しなければ、二酸化炭素濃度を低下させることができないわけである。ものごとは単純ではないことがわかるであろう。

大気中の二酸化炭素濃度の変動は、現代の地球温暖化とも深く関係するため、炭素循環システムの挙動の解明は急務である。大気中の二酸化炭素の増減にどのようなプロセスが関与していたのかを理解するために、こうした過去の実例をくわしく研究することが重要なのである。

二　突然の寒冷化――ヤンガードリアス

映画『デイ・アフター・トゥモロー』(二〇〇四年制作)では、地球温暖化の過程で突然気候変動が生じ、地球が氷河期に陥ってしまう様子が描かれている。あれよあれよという間に氷河期になってしまうというのは、ハリウッド映画ならではの強引なストーリー展開である。しかし、映画のアイディア自体は、過去に起こった実際の出来事がベースになっていると思われる。

いまから約一万二九〇〇年前、最終氷期が終わって後氷期(現在の間氷期のことで、完新世とも呼ばれる)へと移行する気候の温暖化の過程において、突然、寒冷化が生じたことが知られているのである。約一万二九〇〇〜一万一五〇〇年前のあいだ、地球は氷期に逆戻りしてしまったのだ。それが「ヤンガードリアス」と呼ばれるイベントである。

コンベヤベルト

ヤンガードリアスという名称は、北半球の極地や高山のような寒冷地に生育する *Dryas octopetala*(和名:チョウノスケソウ)という植物の花粉がこの時期に増加したことに由来する。コロンビア大学のウォーレス・ブロッカーは、この現象は北大西洋における海洋深層水の形成が弱まったことによって生じたものではないかという仮説を提唱している。

現在の北大西洋においては、暖かいメキシコ湾流の延長に北大西洋海流という暖流が流れている。これによって、ヨーロッパは高緯度にありながらも大変暖かい気候を享受しているのだ。たとえば、英国のロンドンは北緯五一度、フランスのパリは北緯四九度に位置するが、これらの緯度は日本でいえば北海道よりもずっと北、サハリン島（樺太島）の中央部あたりに相当する（ちなみに、東京は北緯三五度四〇分に位置する）。それにもかかわらず、ロンドンやパリの気候は大変温暖である。これは、暖かい北大西洋海流のおかげなのである。

ヨーロッパ西岸を北上するこの暖流は、大気中に大量の水蒸気を供給することによって、自らは塩分が濃縮されて密度が重くなっていく。そして、グリーンランド沖にたどり着くまでに十分冷やされ、さらに密度が重くなった海水は、海洋深層へと沈み込んでいるのだ。このようにして形成された「深層水」は、大西洋の深部を南下し、南極付近で沈み込んだ海水と合流してインド洋や太平洋へと流れ込み、一〇〇〇年以上の時間をかけて最終的には北太平洋まで到達する。その流れを補うように、海洋表層の水は北太平洋からインド洋を通って北大西洋へ向かって流れている。これが現在の海洋大循環の

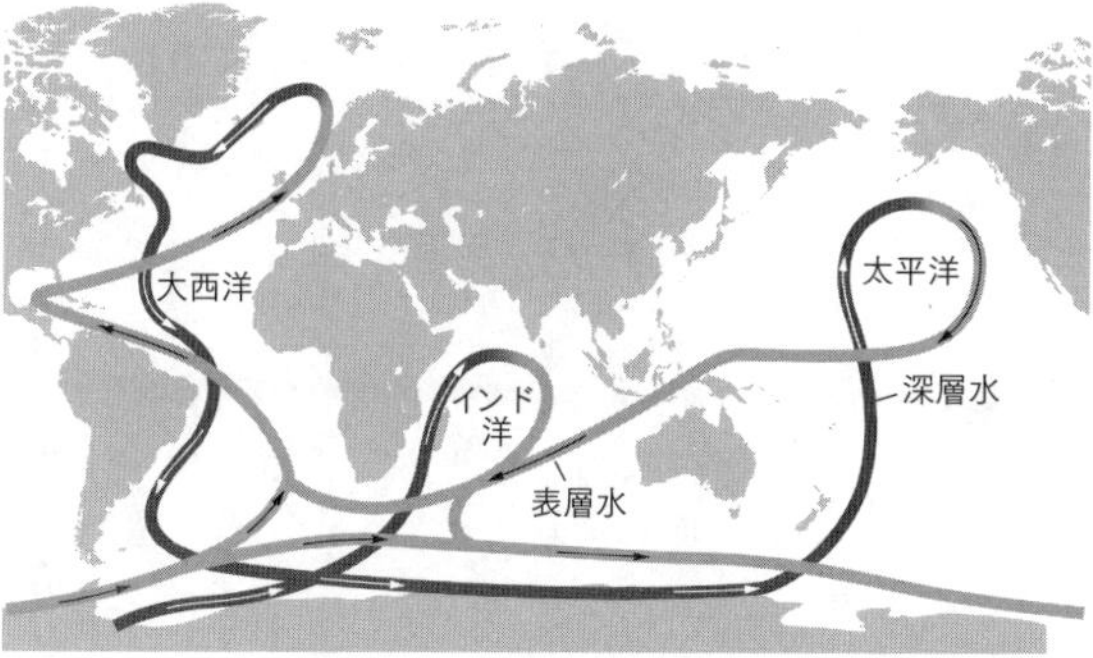

図8-3　現在の海洋大循環
ブロッカーのコンベヤベルトとも呼ばれる。グリーンランド沖で深層水が形成され，それが世界中をめぐってふたたびグリーンランド沖に戻ってくる。

大局的な姿で、ブロッカーによって「コンベヤベルト」と名付けられたものである（図8-3）。

海洋大循環は熱を南北方向に運ぶシステムでもあり、地球の気候に大きな影響を与えている。ところが、氷期においては、前述のように、コンベヤベルトが弱くなっていたらしい証拠が得られているのだ。ヨーロッパの気候は、コンベヤベルトが弱くなることによって、いまよりも寒冷になることが予想される。実際、氷期には北欧を中心とした「フェノスカンディア氷床」に広く覆われていた。

コンベヤベルトは氷期が終わるとともに回復するが、興味深いことに、ヤンガードリアスにおいてふたたび弱くなったらしいのである。ヤンガードリアスにおける寒の戻りは、まさにこのことによって生じたらしいのだ。いったいなぜ温暖化の過程でコンベヤベルトがふたたび弱くなったのだろうか。

寒の戻りはなぜ生じたか

最終氷期において、北米大陸は「ローレンタイド氷床」と呼ばれる巨大な氷床に覆われていた（図8－4）。ローレンタイド氷床は、最終氷期が終わって暖かくなりかけていたころには、だいぶ小さくなって後退していた。そして、氷床の前面にあたる地域には巨大な氷河湖が形成されていた。氷河湖とは、氷床が融けた水がたまってできる天然のダムのことである。当時の北米に形成されたこの氷河湖は、「アガシー湖」と呼ばれている。現在の五大湖を全部合わせたよりも大きかったと考えられている。アガシー湖の水は、ミシシッピ川を通じてメキシコ湾に流れ込んでいた。

ところが、ローレンタイド氷床が後退していく過程で、突然流路が変わり、大量の淡水がセントローレンス川を経由して北大西洋に流れ込んだのではないか、とブロッカーは考えた。実際、メキシコ湾の表層水から得られた有孔虫の酸素同位体比は、それまでは氷床の融け水の影響を反映して非常に軽かったのだが、ヤンガードリアスを境に急激に重たくなっているのだ。

この大規模な流路変更によって北大西洋には淡水が広がることになる。淡水は塩分を含まないので密度が軽い。この結果、北大西洋は軽い水によって蓋をされた形になり、現在グリーンランド沖で生じている海水の沈み込みが起こらなくなったのではないかと考えられるのだ。その結果、ヨーロッパは高い緯度に応じた本来の寒冷な気候に逆戻りすることになった。これが、ヤンガードリアスにおいて生じた出来事ではないかと考えられている。

このように、海洋の循環は気候の形成に重要な役割を果たしており、それが変わることによって気候に大きな影響を与えることがわかる。とりわけ、北大西洋北部は深層水が形成される場、すなわちコンベヤベルトのスイッチがオン／オフされる場であることから、現在の気候システムの挙動の鍵を握っている海域なのである。

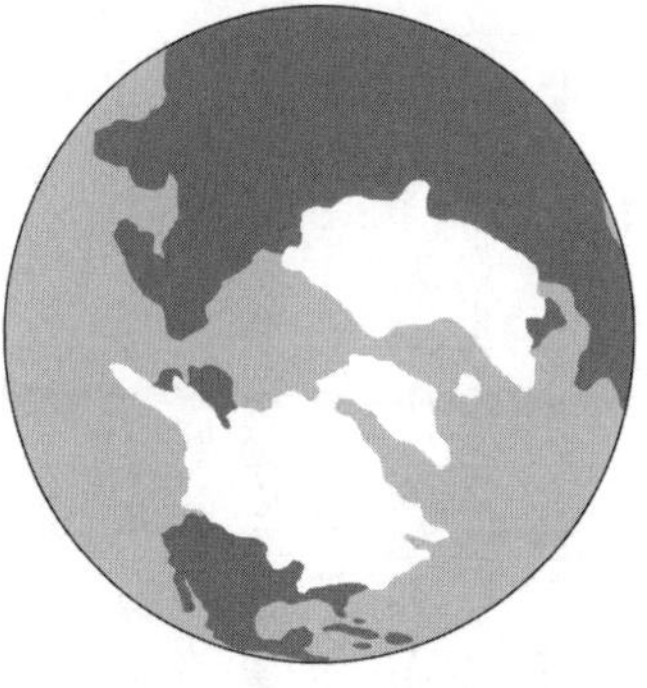

図8-4　ローレンタイド氷床（北米大陸にひろがる白色の部分）の分布

ちなみに、ヤンガードリアスの寒冷化イベントは日本を含めた北半球全域に及ぶものであるが、南半球ではそのシグナルが明瞭には見えない。このことは、ヤンガードリアス・イベントの原因が大気中の温室効果ガス濃度の変化などとは異なり、気候システム内部の熱の分配の変化によるものだからであろう。これは次節でも述べるように、気候システムにおける異なる「気候モード」への変化ととらえるべきなのかもしれない。

クローヴィス文化の消滅と天体衝突、そして突然の寒冷化

ところで、ヤンガードリアスをめぐる研究は、最近おもしろい展開になっているので、ここで簡単に紹介しておきたい。北米のこの時期の地層には、大陸スケールで追跡可能な黒色の帯のように見える層が確認されていたのだが、その正体はイリジウムを含んだ磁性粒子、磁性をもった球状粒子、木炭、すす、極微小サイズのダイヤモンド、地球外のヘリウム組成をもつフラーレン（多数の炭素原子で構成されるクラスタ状の物質）などであることが判明したのだ。これらはすべて地球外天体の衝突によってもたらされた可能性が高いことから、いまから約一万二九〇〇年前に北米大陸に彗星か小惑星が衝突して大規模な森林火災が生じたのではないか、という可能性がでてきた。衝突クレーターが発見されていないことから、その天体はローレンタイド氷床上に衝突したのか、その上空で爆発した可能性が考えられている。

じつは、ちょうどヤンガードリアス直前において、北米ではマンモスを含む多くの大型動物が絶滅していると同時に、「クローヴィス文化」と呼ばれる石器文化が突然姿を

消したことが知られている。クローヴィス文化とは、氷期においてシベリアから移住してきた人びとが築いた、おそらく北米最初期の先住民文化で、先端を鋭くとがらせた長さ七～一二センチメートルほどの石器（尖頭器）で特徴づけられる。クローヴィスの尖頭器は、ミシシッピ川中流域から多く出土するものの、北米全域に分布しており、マンモスをはじめとするさまざまな動物の骨と一緒に発見されている。しかし、一万三〇〇〇年前ごろから数百年続いたとされるこの文化が、なぜこの時期に突然姿を消したのかは、これまで大きな謎であった。

大型哺乳類の骨やクローヴィスの石器が発見されるのは、全米を通じてこの時期の地層にみられる黒色層の下部に限られるという。その黒色層が天体衝突によって形成されたものだとすれば、天体衝突によってローレンタイド氷床が大規模に融解してヤンガードリアスの寒冷化イベントがもたらされ、それにともなって大型動物が絶滅しクローヴィス文化が滅んだ、という可能性もでてくるのだ。そう考えるとすべてつじつまが合う、と研究者たちは主張している。

これが本当かどうかの検証にはしばらく時間がかかるだろう。あるいはまったくの間違いだったということになるかもしれない。天体衝突と生物の絶滅については、これまでK／Pg境界のイベント以外にもいろいろ指摘されているものの、そのほとんどは証拠不十分か矛盾を含むものばかりである。しかし、もしこの話が本当ならば、約一万二九〇〇年前という地球史的にみればつい最近生じた天変地異が環境や人類史にまで影響を及ぼした事実が明らかになるという点で、きわめて重要な発見だといえる。ただ、それだけに異論も多く現在も論争が続いている。今後の展開を見守りたい。

三　安定な気候と人類文明の繁栄

ダンスガード・オシュガー・イベント

図8-5をみていただきたい。これは、グリーンランドのアイスコアを用いて、最近約二〇万年間の酸素同位体比をきわめて高い時間解像度でくわしく調べた結果である。最終氷期には非常に急激で激しい気候変動が生じていたことが明らかになったのだ。

この変動は突然かつ急激に生じていることが大きな特徴で、発見者らの名前にちなんで「ダンスガード・オシュガー・イベント」と呼ばれる。わずか数年から数十年程度のあいだに気温が数℃～一〇℃以上も上昇するというような急激な温暖化と、その後の数百年もしくはそれ以上かけてのゆるやかな寒冷化で特徴づけられる。そうした変動の繰り返しが、最終氷期を通じて二四回も起こっており、「ダンスガード・オシュガー・サイクル」とも称される。議論のあるところだが、この繰り返しには一五〇〇年程度の準周期性があるともいわれる。このような急激な温暖化は、現代の地球温暖化の時間スケ

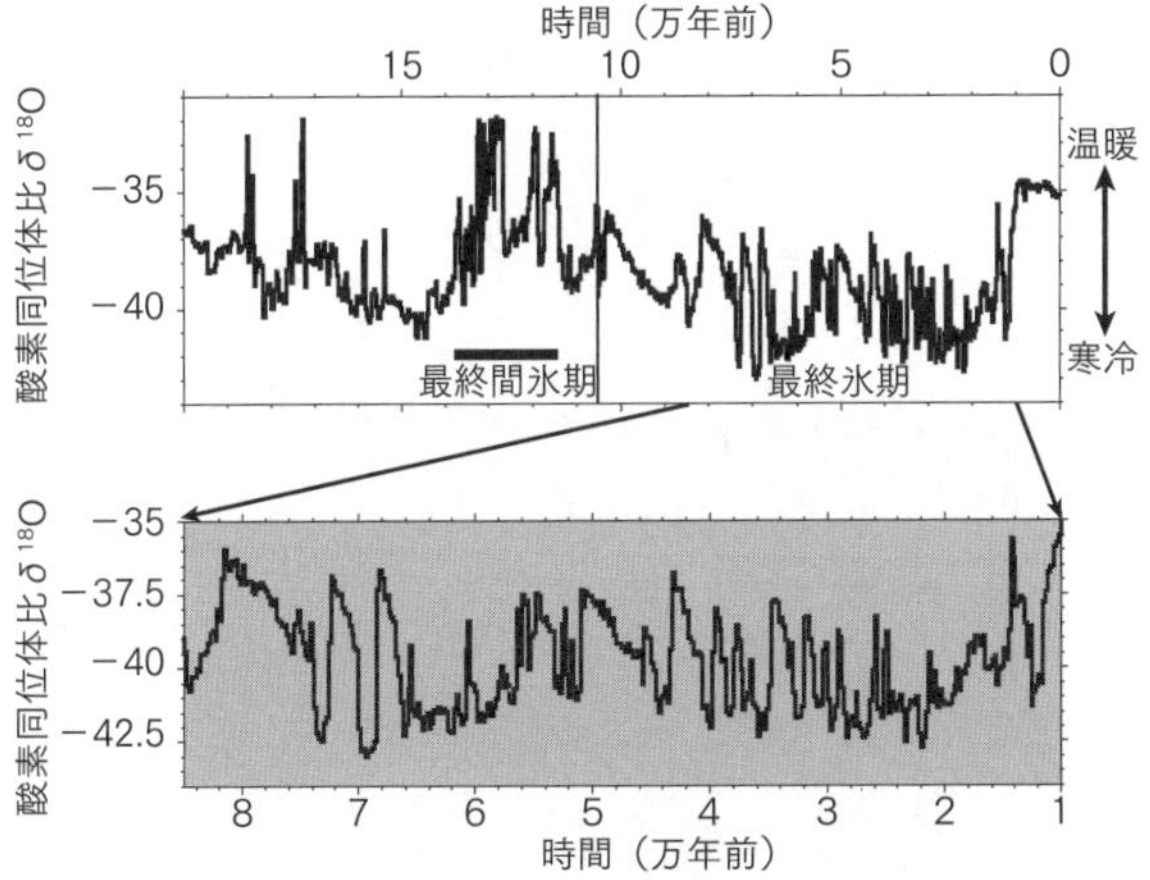

図 8 - 5　過去約 20 万年間の気候変動
グリーンランド氷床の掘削によって得られた氷床コアの酸素同位体比分析の結果。Dansgaard et al.（1993）に基づく。

ールや規模と比較し得るものであり、くわしく研究すべき最重要課題のひとつであるといえるだろう。

ダンスガード・オシュガー・イベントと同期したシグナルは、グリーンランドから数千キロメートル離れた日本を含む東アジアでも明瞭に認められる。ただし、それは必ずしも温暖化のシグナルというわけではなく、降水量の変化や生物生産性の変化として現れている。これは、北大西洋における気候変化が、大気大循環に影響を与えることで、北半球全体に伝搬したものだと考えられそうである。

一方、南極氷床から得られたアイスコアにも、最終氷期において弱いながらも温暖化の繰り返しが認められ、ダンスガード・オシュガー・イベントと対応関係にあると考えられている。ただし、グリーンランドと南極から得られたアイスコアにみられる変動を比べてみると、変動は同時に起こっていたわけではないことがわかった。南極における温暖化は、グリーンランドでみられる温暖化に数千年先行しているのである。ちょうどそのときのグリーンランドは、寒冷化のピークなのだ。これはいったいどういうことなのだろうか。

気候ジャンプ

じつは、ダンスガード・オシュガー・イベントにともなって、グリーンランドと南極の気候は逆向きに変化していたらしいのである。つまり、グリーンランドが温暖化するときには南極は寒冷化、グリーンランドが寒冷化するときには南極は温暖化していたのだ。このことから、この変動には気候システム内部における熱の分配が関係しているのではないかということが示唆される。つまり、北大西洋深層水が形成されている現在のような条件では、大西洋における低緯度の熱が北向きに効果的に運ばれているが、北大西洋深層水の形成が停止してしまうと熱が北向きに運ばれにくくなるのではないだろうか。その結果、グリーンランドと南極の気候変動の位相が逆になっているのかもしれない。

このような仕組みは「バイポーラー・シーソー」と呼ばれている。両極における気候変動がシーソーのように逆位相になっているという意味だ。北大西洋深層水の形成は、地球における南北間の熱の輸送を担っていることから、その挙動に気候システムはとても敏感なのである。

さらに、最終氷期の北大西洋北部では、海底堆積物中にドロップストーンが繰り返しみられることが知られている。ローレンタイド氷床の北部が繰り返し崩壊することによって海氷が大西洋を漂い、取り込んでいた礫を海底に落としたのだろうと考えられる。このイベントは、「ハインリッヒ・イベント」と呼ばれている。ドロップストーンの出現はだいたい七〇〇〇年の周期で繰り返し生じていると考えられている。氷床が成長すると氷床底部の温度が上昇し、やがて氷の融点を超えることが引き金となって、大規模な氷床の崩壊が繰り返し生じたのではないかと考えられる。氷床は徐々に融けるのではなく、底面が滑ることによって急激に崩壊するのである。これは氷床の成長にともなって生じる、自律的な振動なのかもしれない。

こうした「イベント」は、前述のように突然かつ急激に生じるところに特徴がある。その意味において、これは全球凍結イベントで生じたと考えられる気候ジャンプと類似の性質と考えることもできる。つまり、地球の気候システムには複数のさまざまな気候状態（気候モード）が存在しており、ある気候モードから別の気候モードへの変化はだんだん生じるのではなく、ある「臨界条件」に達すると気候ジャンプを起こして突然かつ急激に生じる可能性が考えられるのだ。

そうした気候モード間のジャンプを私たちは経験したことがないので、認識が十分とはいえない。現代の地球温暖化の先に、そうした気候ジャンプが待ち受けていないのかどうか、私たちはまだよく理解していないのだ。過去の気候変動を詳細に調べる意味は、まさにこうしたところにあるといえるだろう。

間氷期の気候は安定なのか

ところで、現在は間氷期だから、ひとつ前の最終間氷期の気候がどうだったのかはとても気になる問題である。そこで図8-5をみてみると、なんと最終間氷期（約一三万～一二万年前）にも大きな気候変動が生じていたようにみえるではないか。

じつは、このアイスコアは最終間氷期よりも古い時代の記録が乱れているため、ちゃんとした議論ができないことが明らかになった。そこで、同じグリーンランドにおいて最終間氷期の記録が残っている可能性の高い場所で別のアイスコアの掘削が計画され、二〇〇四年にその結果が発表された。

大変残念なことに、最終間氷期の前半数千年間の記録はやはり乱れており、議論することができないことがわかった。しかし、最終間氷期の後半数千年間については、乱れのない詳細な記録がはじめて得られた。その結果、最終間氷期の気候は最終氷期とは異なり、とても安定しているらしいことがわかった。少なくとも最終間氷期の後半においては、ダンスガード・オシュガー・イベントのような変動は生じていないのだ。

これがもし本当だとすると、それは私たち人類にとっては朗報である。というのは、同じ間氷期である現在の気候も、本来的に安定だということになるからである。

実際、図8－5をみると、過去一万年間は驚くほど安定した気候状態が続いていることがわかる。最終氷期と比べると、その差は歴然としている。人類が文明を築き上げたのはまさにこの時代であることを考えると、人類文明の繁栄は後氷期の気候が安定していたおかげである、と考えることができるように思われる。

しかしながら、現在の安定な気候状態が地球温暖化によってもし崩れた場合、最終氷期のように非常に不安定な気候状態となり、繰り返し急激な気候変動が生じるようになる恐れは本当にないのだろうか？　その保証は現時点ではまったくない。私たちは、地球システムの挙動について、まだほとんど理解できていないのだ。最終間氷期の前半における気候の安定性についても、今後ぜひ明らかにする必要がある。

最終間氷期の気候は、じつは現在よりも温暖だったことがわかっている。現在より、気温にしておよそ三～五℃、海水準は四～六メートルも高かったらしいのだ。現在よりも温暖な気候のため、グリーンランドや南極の氷床が融けていたのだろうと考えられる。

これは、温暖化した将来の地球の姿を示唆しているようで恐ろしい。

　このように考えてみると、将来の地球環境の変動を予測するためには、現在の地球の姿だけでなく、過去の地球の変動について理解する必要があることがよくわかるであろう。

四　これからの地球環境——過去からなにを学ぶか

　これまで述べてきたように、現在の地球は地球史的にみれば寒冷な氷河時代である。ただし、氷河時代の中ではより温暖な間氷期として位置づけられる。このような認識は、現在の地球を観測するだけでは決して得られないことである。過去を知ることによってはじめて現在を相対化し俯瞰的に理解することができるのだ。

　地球の誕生以来、地球環境は変動し続けており、これからも同じ状態が長期的に継続することはないだろう。このことも、過去の地球環境の変動記録を調べれば明らかである。地球環境は変動することが本質だからである。

　ところが前節でも述べたとおり、最近一万年間は気候が例外的に安定していたらしいことがわかってきた。そしてそれこそが、人類が文明を築くことができた重要な要因だったのではないかとも考えられる。実際、過去の文明が戦争などの人為的要因以外で打撃を受けたり滅んだりしたのは、地域的な乾燥化による水不足や冷夏による農作物の凶作などが重要な要因だったのではないかとも考えられる。

そう考えると過去一万年にわたる相対的に安定した気候状態が、人類文明の発展に欠かすことのできない条件だったのはほぼ間違いないように思われる。最終氷期に見られたような、突然かつ急激な気候変動が繰り返し生じていたら、ひとつの文明を長期的に維持することはかなり困難だったかもしれない。

しかしながら、人類は一八世紀の産業革命以降、石炭や石油などの化石燃料を大量に消費し続けてきた。化石燃料は、もともと生物が光合成によって大気中の二酸化炭素を固定したものだから、酸素と結びついて燃焼されれば、ふたたび二酸化炭素となって大気中に放出される。人類は、その際に得られる大きなエネルギーを利用するために、化石燃料を湯水のように使っているのだ。現代文明と私たちの豊かな生活は、化石燃料の消費によってもたらされているといっても過言ではない。だがその結果、大気中の二酸化炭素濃度は増加の一途をたどることになった（図8-6）。

大気中の二酸化炭素濃度は、最終氷期が終わってから一八世紀の産業革命までずっと約二八〇ppm程度に保たれてきた。それがいまでは四〇〇ppmを上回るほどまでに急激に増加している。これは、少なくとも過去八〇万年間の氷期・間氷期サイクルにともなう二酸化炭素濃度の増加をずっと上回る濃度である。そして、二酸化炭素は温室効

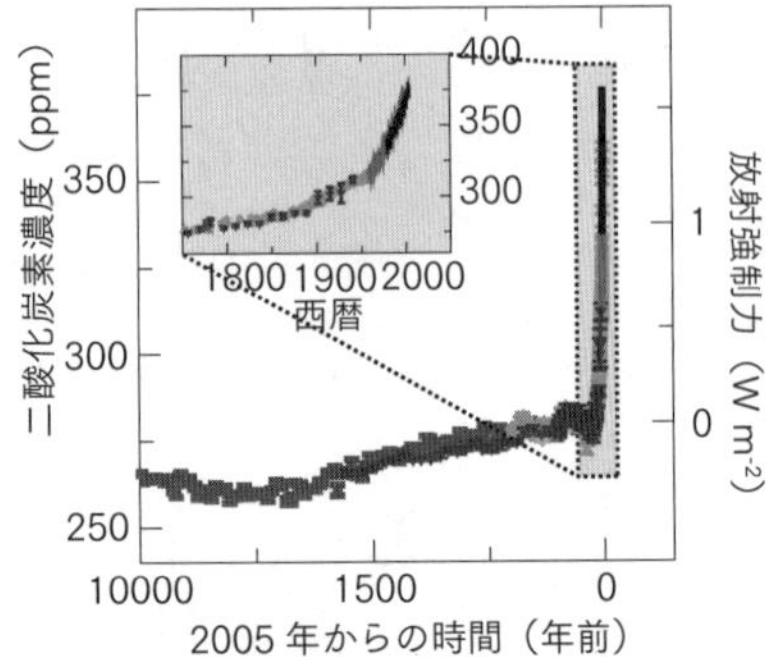

図 8 - 6　過去 1 万年間の二酸化炭素濃度の変化
挿入された図は，西暦 1750 年以降を拡大したもの。IPCC 第四次評価報告書第一作業部会報告書政策決定者向け要約より。

果ガスであるからその当然の帰結として、地球温暖化が顕在化してきたわけである。

人類が放出している二酸化炭素量は、火山活動による脱ガス速度の約三〇〇倍ともいわれている。すなわち、人類は炭素循環に介入して自然の状態を大幅に変えようとしているのである。その意味において、いま私たちが行っていることは、まさに地球を相手にした壮大な「実験」なのである。

このままいけば気候の温暖化は避けられないであろうことが、ＩＰＣＣの評価報告書で述べられている。これは、現時点における人類の知識を総動員した予測結果である。しかし、いまから一〇〇年後の地球がどのような状態に置かれているのかを正確に予測することは大変難しい。化石燃料の消費に関する人類社会の選択、炭素循環や気候システムが二酸化炭素濃度の増加に対してどのように応答するのかといった問題が、大きな不確定要素となるからである。また、想定外のプロセスがはたらく可能性は常に排除できない。

しかし、温暖化の過程でどのようなことが生じるのか、やってみないとわからないというのではあまりにリスクが大きすぎる。だからこそ、私たちは化石燃料の消費をできるだけ抑えるとともに、現在の地球についてのくわしい研究を進め、過去に生じた気候変動についてもよく学ぶことが必要なのだ。温暖化だけではなく、寒冷化やそれ以外のあらゆる過去の地球環境変動に関する知見が地球システムの挙動に関する理解を深め、将来の地球環境予測にも直接的・間接的に役立つようになるかもしれない。

人類の歴史は短い。人の一生はなおさら短い。だからこそ、人類は歴史に学ぶ知恵を大切にすべきなのだ。過去の地球から未来を学ぶ。いまこそ人類はその重要性に気がつくべきであろう。

参考文献

本書で扱ったテーマに関心をもたれた一般の読者が、さらに理解を深めたいという場合のために、いくつか違った角度から書かれた参考文献を紹介する。

まず地球の捉え方として「地球惑星システム科学」的な視点を学びたいという人には、

†東京大学地球惑星システム科学講座編『進化する地球惑星システム』東京大学出版会（二〇〇四年）

†鳥海光弘編〈岩波講座　地球惑星科学第2巻〉『地球システム科学』岩波書店（一九九六年）

を勧める。前者は、東京大学大学院理学系研究科地球惑星科学専攻に設立された地球惑星システム科学講座の教員グループが、新しい地球や惑星の見方について、具体的なトピックスを例にして一般向けに紹介したものである。それに対して、後者は地球システム科学の基本的考え方をまとめた、初学者向けの教科書である。

地球史全般について、さらにくわしく知りたいという人には、

†ＮＨＫ「地球大進化」プロジェクト編『ＮＨＫ地球大進化46億年・人類への旅（全六巻）』ＮＨＫ出版（二〇〇四年）
†川上紳一『生命と地球の共進化』日本放送出版協会（二〇〇〇年）
†丸山茂徳・磯崎行雄『生命と地球の歴史』岩波書店（一九九八年）

などがよいだろう。どれも、地球と地球環境と生命の進化に関する、比較的新しい知見が一般向けにまとめられている。

もっと深く学びたいという人には、大学の教養～大学院レベルの教科書であるが、

†平朝彦『地球の探求』岩波書店（二〇〇七年）
†松本良・浦辺徹郎・田近英一『惑星地球の進化』放送大学教育振興会（二〇〇七年）
†熊澤峰夫・伊藤孝・吉田茂夫編『全地球史解読』東京大学出版会（二〇〇二年）

†平朝彦他編〈岩波講座　地球惑星科学講座第13巻〉『地球進化論』岩波書店（一九九八年）

などがよいだろう。最初の二冊は、初学者でも十分読めるものである。とくに最初のものは、人類史を深く理解する視点に立って地球史をまとめた野心的な内容の教科書である。最後のものには、本書の前半に書かれた内容についてのさらにくわしい解説がある。

さて、地球史の中でもとくにスノーボールアース・イベントについてもっと知りたいという人のためには、

†田近英一『凍った地球――スノーボールアースと生命進化の物語』新潮社（二〇〇九年）
†ガブリエル・ウォーカー『スノーボール・アース』（渡会圭子 訳）早川書房（二〇〇四年）
※二〇一一年にハヤカワ文庫
†川上紳一『全地球凍結』集英社（二〇〇三年）

を勧める。どの本も、この新しい仮説が提唱されるようになった背景から仮説を巡る論争までを、一般向けに平易に解説したものである。

また、小惑星衝突による恐竜の絶滅に関する話題についてさらに知りたい人のためには、

†松井孝典『再現！　巨大隕石衝突　6500万年前の謎を解く』岩波書店（二〇〇九年）
†ウォルター・アルヴァレズ『絶滅のクレーター　Tレックス最後の日』(月森佐知　訳) 新評論（一九九七年）

などがよいだろう。後者は、小惑星衝突説を最初に提唱した研究者本人による著作で、研究の背景や当時の状況がくわしく描かれていて興味深い。

一方、現在を含む第四紀の氷期・間氷期サイクルについてくわしく知りたい人には、

†大河内直彦『チェンジング・ブルー――気候変動の謎に迫る』岩波書店（二〇〇八年）
※二〇一五年に岩波現代文庫

をぜひ勧めたい。古気候学・古海洋学分野における研究者の人間模様と重要な研究成果がその歴史的背景とともに丁寧にまとめられた力作である。

最後に、現代の地球温暖化予測についてきちんと勉強したいという人には、

†江守正多『地球温暖化の予測は「正しい」か？――不確かな未来に科学が挑む』化学同人

（二〇〇八年）

を勧める。この分野の第一線の研究者による、大変わかりやすい解説書である。

あとがき

「地球環境」というキーワードがメディアをにぎわせるようになって久しい。かつての公害問題は地域限定であったが、地球環境問題はグローバルな問題である。人びとは否応なく「地球」という惑星を意識せざるを得ない状況になっている。地球温暖化問題やオゾン層破壊は、まさに国境を越えた人類共通の課題であり、地球規模での取り組みが必要である。

こうした地球に対する認識の変化は、経済活動や情報のグローバル化と無縁ではないだろう。しかしそれに加えて、宇宙からみた「青い地球」の映像を日常的に目にするようになったことが、地球という惑星についての私たちの意識を大きく変化させた要因のひとつではないだろうか。

地球は、誕生してからすでに約四六億年が経過している。私たち人類が地球を認識するようになるはるか以前から、自然の営みは繰り返され、地球表層の環境は大きく変動してきた。温暖期や寒冷期の繰り返しという単純なイメージをはるかに超えて、地球は、全球凍結や小惑星衝突など、つい最近まで誰も想像しなかったような破局的な環境変動を経験してきたことが明らかになってきた。まだ明らかにされていない、まったく別のタイプの環境変動が過去に生じていた可能性も十分ある。

そのような、地球が経験してきた出来事をひとつひとつひもといて事実を明らかにしていくことは、「歴史学」（地球史学）という意味において非常に重要であり興味深いのは確かである。しかし、それだけにはとどまらない。物理や化学の法則を適用してそうした現象を定量的に検証することによって、地球の「進化」や地球システムの「挙動」が理解され、それが最終的には地球という惑星そのものを理解することにつながるのである。さらにそれは、地球の「現在」を理解し、地球の「将来」を理解することにもつながる。本書で述べたかったことは、そのような一歩引いた俯瞰的な地球の見方であり、地球や地球環境を相対化する見方である。

この世界は時間の流れとともにあらゆる事象が変化している。現在とは、そのような時間軸の一断面に過ぎず、これまでどのような変化が生じてきたのか、これからどのような変化が生じるのか、ということを時間軸のなかでとらえることによって、「現在」の位置づけがより明確になるであろう。

そうはいっても、地球は「巨大複雑系」であり、その全貌を理解することは簡単ではない。しかも、現在の地球はある限られた状態に置かれているので、そこからすべてを理解することは困難である。だからこそ、さまざまな変動が生じてきた地球史を探求することが、地球を理解する大きな助けになるのである。過去を知ることが、地球の現在を理解し将来を理解することにもつながるというのは、そういう意味である。

惑星としての地球の理解は、ほかの惑星の理解にもつながる。それは太陽系における火星や金星のような地球とよく似た惑星の理解だけではなく、太陽系外のまだ見ぬ数多くの惑星にも当てはまる。最近の天文観測によって、太陽系外の惑星系がすでに多数発見されており、地球のような惑星が発見される日も近いといわれている。近い将来、地球のような惑星がたくさん発見されるようになった際、惑星としての地球に関する理解が、そうした太陽系外地球型惑星を理解する重要な鍵となることは間違いないのである。

地球史は地層に記録された過去の地球環境変動を読み解くことによって明らかにされてきた。これまで知られていなかった事実が今後も次つぎと明らかになっていくだろう。私たちが想像もしなかった出来事が、過去の地球上で生じていたことが新たにわかるかもしれない。そのような「発見」があるのも、地球惑星科学の魅力のひとつである。

ところが、最近の高等学校においては地学教育が消滅寸前の状況にあるらしい。私たちの住む地球やその環境については、誰もが知る権利があるはずなのに、大変残念なことである。本書が地球についての関心を深める一助になれば、と心より願う。

最後に、化学同人の津留貴彰氏には、本書の企画をいただいたにもかかわらず、締め切りがないに等しい状態に陥ってしまい、申し訳ない気持ちでいっぱいである。こうして、なんとか形にすることができたのは、津留氏のおかげである。感謝を申しあげたい。

二〇〇九年四月

田近　英一

文庫版あとがき

本書が出版されてから一〇年余りが経ったが、この間、大気中の二酸化炭素濃度は三九〇ｐｐｍから四一〇ｐｐｍを超えるまで上昇し、地球温暖化が着実に進行した。そうしたなか、二〇二〇年一〇月に日本政府は、二〇五〇年カーボンニュートラルを宣言した。二〇五〇年までに脱炭素社会を実現し、温室効果ガスの排出を実質ゼロにするという目標を定めたのである。二〇二一年四月現在、世界の一二五カ国と一地域が二〇五〇年までにカーボンニュートラルを実現することを表明している。世界が地球温暖化を抑制するための取り組みで結束することはきわめて重要であることから、その方向に流れが加速することをぜひ期待したい。

ただ、それによって地球温暖化が回避できるわけでは必ずしもない。気候変動の影響はすでに顕在化しており、異常気象や災害、生態系への影響、熱中症や感染症など、地球温暖化に伴うさまざまな影響が、今後さらに深刻化する恐れがある。私たちは、気候変動の影響による被害を最小限にするための対策（適応策）も同時に検討していく必要がある。

一方、この一〇年余り、地球環境史の学術研究も着実に進展しており、さまざまな新しい知見が得られた。研究の進展は新たな発見や詳細なデータとともに、新たな謎をもたらす。それらについては、ぜひまた別の機会に紹介できればと思う。ここでは、本書で述べられている内容の大局的な描像はほとんど変わってはおらず、現在でもそのまま通用することを指摘しておきたい。すなわち、地球環境の変遷・進化史の大枠については、本書をお読みいただければ現時点での理解をひと通り得ることができるものと考える。文庫化にあたり、修正などは必要最低限のものにとどめた。

二〇一九年末に始まった新型コロナウイルスの世界的な感染拡大（パンデミック）によって、人類は非常に困難な状況に襲われた。これによって、われわれのライフスタイルは大きな変革を迫られている。おそらくその影響はコロナ後の世界にも波及し、コロナ前の世界には戻らないであろうと予想されている。今後私たちが地球環境とどのように共生していくことになるのかはまだわからないが、よりグローバルな視点から地球環境と人類の活動を捉え、グローバルな問題には世界の国々が協調していく必要があることの認識が、より深まった社会になることが望まれる。一〇〇年に一度のパンデミックである新型コロナウイルスの感染拡大が、人類の知恵と国際的な協力によって克服できるのであれば、これからますます顕在化するであろう気候変動についても、人類の知恵と国際的な協調によって適切に対応できるはずである。そのことにぜひ期待したいものである。

二〇二一年七月

田近　英一

本書は、二〇〇九年五月に刊行された『地球環境46億年の大変動史』（ＤＯＪＩＮ選書）を文庫化したものです。

田近英一　たぢか・えいいち
1963 年、東京都生まれ。92 年、東京大学大学院理学系研究科地球物理学専攻博士課程修了。博士（理学）。現在、東京大学大学院理学系研究科地球惑星科学専攻教授。専門は地球惑星システム学、地球史学、比較惑星環境学、アストロバイオロジー。
第 29 回山崎賞（2003 年）、日本気象学会堀内賞（2007 年）受賞。
著書に『凍った地球』、『大気の進化 46 億年』、『ビジュアル版　46 億年の地球史』などが、監修書に『地球・生命の大進化』がある。

DOJIN BUNKO

地球環境《ちきゅうかんきょう》46億年《おくねん》の大変動史《だいへんどうし》

2021 年 9 月 30 日第 1 刷発行

著者　田近英一
発行者　曽根良介
発行所　株式会社化学同人
600-8074　京都市下京区仏光寺通柳馬場西入ル
電話　075-352-3373(営業部)／075-352-3711(編集部)
振替　01010-7-5702
https://www.kagakudojin.co.jp　webmaster@kagakudojin.co.jp
装幀　BAUMDORF・木村由久
印刷・製本　創栄図書印刷株式会社

ISBN978-4-7598-2505-3

DOJIN文庫

仏教は宇宙をどう見たか
アビダルマ仏教の科学的世界観

佐々木閑

「仏教的世界観の客観的叙述」を読み解き、仏教と科学の類似と相違を探る知的冒険の書。

料理と科学のおいしい出会い
分子調理が食の常識を変える

石川伸一

少しでもおいしい料理を作るために。科学の目で料理を見つめる分子調理の世界へようこそ！

フェイクニュースを科学する
拡散するデマ、陰謀論、プロパガンダのしくみ

笹原和俊

フェイクニュースはなぜ拡散するのか。人の認知特性、SNSなどの情報環境から読み解く。

犯罪捜査の心理学
プロファイリングで犯人に迫る

越智啓太

犯罪者の行動は、なぜか似ている。犯人像から動機の推定まで、プロファイリングで迫る！